用图表说话

Excel 数据分析与图表效果
完美展示全能一本通

王倩 杨林 / 著

中国青年出版社

图书在版编目(CIP)数据

用图表说话: Excel数据分析与图表效果完美展示全能一本通/王倩, 杨林著. -- 北京: 中国青年出版社, 2020.11
ISBN 978-7-5153-6169-7

I.①用... II.①王... ②杨... III.①表处理软件 IV.①TP391.13

中国版本图书馆CIP数据核字(2020)第168072号

策划编辑 张 鹏
责任编辑 张 军
封面设计 乌 兰

用图表说话——Excel数据分析与图表效果完美展示全能一本通

王倩 杨林 / 著

出版发行:	中国青年出版社
地　　址:	北京市东四十二条21号
邮政编码:	100708
电　　话:	(010)59231565
传　　真:	(010)59231381
企　　划:	北京中青雄狮数码传媒科技有限公司
印　　刷:	北京瑞禾彩色印刷有限公司
开　　本:	787 x 1092 1/16
印　　张:	17.5
版　　次:	2021年1月北京第1版
印　　次:	2021年1月第1次印刷
书　　号:	ISBN 978-7-5153-6169-7
定　　价:	80.00元(附赠独家秘料, 加封底公众号获取)

本书如有印装质量等问题, 请与本社联系
电话: (010)59231565
读者来信: reader@cypmedia.com
投稿邮箱: author@cypmedia.com
如有其他问题请访问我们的网站: http://www.cypmedia.com

前言

■ 为什么要写这本书？

随着大数据时代的到来，无论我们的生活、工作都与数据挂钩，例如工作中的商务活动、汇报演讲和书面报告等。图表是数据的形象化展示，它可以清晰直观地呈现出数据的变化和趋势，生活中处处可见数据图表，足以看出图表应用的重要性。

相信很多商务人士在制作图表时都是处处碰壁，究其原因不外乎以下几点：

- 原始数据有很多也很乱，不知道为哪些数据创建图表。
- 整理出数据后，不知道使用什么类型的图表合适。
- 创建图表后，不知道如何编辑图表，使图表中的重点数据突出。
- 不知道如何美化图表，让图表适应不同的场合。
- 无法制作出吸引观众眼球的图表。
- 无法让静态的图表动起来展示不同的数据。

……

本书的创作初衷是解决大家在制作图表时遇到的一些困惑。本书第1章至第7章1节由淄博职业学院王倩老师编写，约25万字；本书第7章2节至第10章由淄博职业学院杨林老师编写，约20万字。本书内文涵盖分析整理数据、选择图表类型、避免制作图表的误区、图表的配色、图表的逆袭、动态图表的制作以及强而有力的图表看板的制作等内容。

■ 为什么要选择本书？

读者选择本书的原因主要包括以下几点：

- 本书是以"如何制作出专业的图表"作为出发点，介绍图表的设计过程、思路以及美化等。
- 本书摒弃传统的技术类图书写作方法，通过大量的操作步骤和截图进行介绍，根据专业图表的要求来介绍图表制作的思路和方法，真正做到"授人以鱼，不如授人以渔"。
- 本书从实际的工作和生活出发，介绍制作图表的各种误区以及可能遇到的难题等。
- 本书包含大量实用的案例，通过案例的学习读者不但学会各种图表的制作方法，还能理解各类图表应用的数据结构。
- 本书还介绍了目前流行的数据看板的制作，结合所学的图表知识，通过简单的图表制作出动态的数据看板。
- 本书配有详细的教学视频，只需用手机扫描二维码，即可随时随地看视频，读者可以轻松实现多维度学习。

■本书包含哪些内容？

· 为什么我的图表不出彩
· 受益终身的好习惯
· 走出Excel图表制作误区
· 不断地学习

第1章 Excel专业图表之道

· 图表的魅力
· 读懂表格
· 图表的类型
· 图表的组成元素

第2章 让图表准确表达数据

· 基本色彩理论
· 图表的配色方案
· 设置Excel的主题颜色

第3章 图表的配色

本书知识框架

· 图表的绘制
· 图表的基本操作
· 更改图表或某数据系列的类型
· 编辑图表中的数据
· 巧妙使用次坐标轴
· 图表的其他操作

第4章 绘制和编辑图表

第5章 图表的设计和分析

· 添加图表元素
· 图表标题的设计
· 图表坐标轴的设计
· 数据标签的设计
· 饼图和圆环图的设计
· 图表的分析
· 设计图表时的常见问题

第6章
图表的美化

· 美化图表格式的工具

· 调整图表的布局和样式

· 图表还可以再美点

· 美化图表的实例

第7章
常规图表
的逆袭

· 柱形图的逆袭

· 条形图的逆袭

· 饼图和圆环图的逆袭

· 制作分层的折线图

· 散点图的逆袭图

第8章
复合图表
的应用

· 饼图和圆环图的复合图表

· 柱形图和折线图的复合图表

· 条形图和散点图的复合图表

第9章
动态交互
图表

· 动态图表的思路和常用工具

· 始终显示最近5天的销售数据

· 使用按钮控制图表的类型和内容

· 使用复选框控制图表

· 使用组合框控制图表

· 使用组合框和选项按钮控制图表

· 使用列表框控制两张图表

第10章
制作各分公司
销售金额
图表看板

· 数据分析

· 制作分公司数据与总数据的占比图表

· 制作总目标完成率和每月销售额图表

· 制作关于品牌的相关图表

· 使用漏斗图展示线上数据

· 对图表看板进行布局

· 让看板动起来

■通过本书能学到什么？

- 了解图表不出彩的原因。
- 了解制作Excel图表的误区以及如何避免。
- 如何选择合适的图表类型以及哪些图表容易产生歧义。
- 如何分析整理数据并理解数据之间的关联。
- 了解图表的配色原理和配色方案。
- 如何设置图表颜色。
- 如何绘制和编辑图表。
- 图表的设计和分析，以及常见图表设计问题的解决。
- 如何通过图表美化制作出专业的图表。
- 常规图表的逆袭效果，如柱形图中包含柱形图、流星柱形图、旋风图、甘特图、半圆饼图、双层饼图、多系列不规则的圆环图、分层的折线图、纵向折线图、阶梯图以及风险矩阵分析图等。
- 复合图表的应用，例如饼图和圆环图的复合、柱形图和折线图的复合、条形图和散点图的复合。
- 动态交互图表的制作思路。
- 使用函数和控件控制图表的方法。
- 通过常见的图表制作动态的图表看板。

书中难免存在不足之处，恳请读者朋友不吝赐教。

编　者

第3章 图表的配色

第4章 绘制和编辑图表

第 5 章 图表的设计和分析

94

第 **6** 章 图表的美化   123

常规图表的逆袭

复合图表的应用

第**9**章 动态交互图表

第 **10** 章 制作各分公司销售
金额图表看板

251

第1章

第2章

第3章

第4章

第5章

第6章

第7章

第8章

第9章

第10

Excel专业图表之道

随着通信和IT技术的发展，无纸化工作已经越来越明显，使得我们在工作中需要大量电子化来展示数据。在进行数据分析的过程和结果呈现时，最直观的是采取图表的形式，因为图表更有视觉上的冲击力。图表能够比文字和表格更简洁地描述数据的特点和规律，而且图形化更有利于观者加深记忆。所以能用表格展示数据就不用文字，能用图表展示数据就不用表格，也就是"文不如表，表不如图"。

本章将介绍Excel专业图表之道，首先介绍我们在工作中制作的图表为什么不出彩，接着介绍制作专业图表时需要的好习惯，然后介绍制作Excel图表时经常陷入的误区，最后介绍学习Excel图表方法和途径。

1.1 为什么我的图表不出彩

相信很多人都使用过图表来展示数据，但只有少数人能制作出专业、精美的图表。为什么我制作的图表不出众呢？为什么汇总报告得不到领导赏识呢？为什么总有加不完的班、做不完图表的呢？下面我们来回答这几个问题。

1. 错误使用图表类型

很多人对Excel并不是很了解，认为Excel只能制作表格而已。Excel是数据处理软件，除了制作表格外还有出色的计算功能和图表工具。在Excel中包含十几种图表类型，如果不了解各种图表类型的应用范围，当然制作出来的图表是不专业的，对于观者来说就是混乱的、没有意义的。

例如，财务部门分别统计出2020年企业各项目的利润，并且使用二维柱形图展示统计的数据，如下图所示。

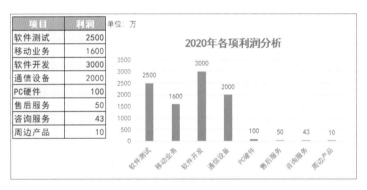

- **问题1**：使用二维柱形图不能清晰地展示数据之间的比例。
- **问题2**：数据的差距很大，右侧3个数据系列无法直观地表达利润的大小。
- **问题3**：横坐标轴坐标文本倾斜，不利于阅读。

针对以上问题进行处理，使用子母饼图展示数据，将数据小的4个项目分别展示，这样各项目的数据都很清晰，如下图所示。

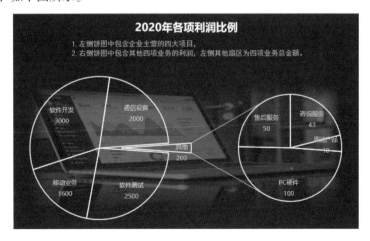

2. 不会修改图表

插入图表后并没有结束，还需要根据制作图表的目的对图表进行适当修改，如图表要突出某个特殊的值或展示各项目的比例大小等。

例如，企业统计出各月的销量，需要使用图表对实际销量和目标销量进行对比，从而展示完成情况，并且突出最多的销量，如下图所示。

- ● **问题1**：图表中为实际销量添加数据系列，显得很乱。
- ● **问题2**："目标值"数据系列不能很好地突出实际销量的情况。
- ● **问题3**：数据系列太细，显得很单薄。

针对以上问题进行处理，先通过调整数据系列的"间隙宽度"值，可以适当加宽数据系列；然后设置"完成值"数据系列为"次坐标轴"、"系列重叠"值为100%；接着设置次坐标轴的坐标值和主坐标轴一致；最后为5月的数据系列设置不同颜色并添加数据标签。修改后的图表可以清晰地比较实际值和目标值的大小，并突出实际销量最高的5月的数据系列，如下图所示。

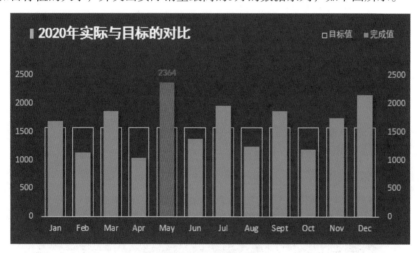

3. 不会整理数据

我们拿到统计数据时，先要检查创建图表所需的数据是否完整与正确，然后根据要求对数据进行调整。整理数据可以对数据进行排序、筛选、拆分或组合等。

例如，以2020年每月销量和目标值为例介绍整理数据。创建辅助数据，其中"辅助数据1"表示当完成值大于目标值时为目标值，当完成值小于目标值时为完成值，使用MIN函数即可。"辅助数据2"表示超出目标值的部分，如果未超出则为0，使用IF函数求数值。美化图表之后的效果如下图所示。

4. 不会搭配颜色

为图表合理地搭配颜色，可以使其更赏心悦目。但是，若颜色搭配不协调会很刺眼。

在制作图表时，默认的颜色搭配不一定适合当下的场景或主题，我们在设置搭配颜色时还需要对文本、结构进行调整，才能设计出美观的图表。

例如，在年度汇报中，市场部介绍每月任务的完成情况，使用折线图和面积图组合展示，效果如下图所示。

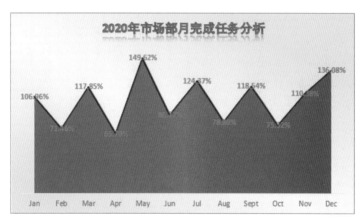

- **问题1**：图表中使用大红大紫的渐变，颜色"丰富"，让人想到花棉袄。
- **问题2**：图表中颜色太多，没有主体色，显得很乱，建议使用不超过3种颜色。
- **问题3**：图表的标题太花哨，不符合企业年终总结大会的场景。

针对以上问题进行修改，图表和其他文稿色调统一使用暖色调的橙色作为主体色，并搭配灰色和浅灰色。浅灰色作为背景比较容易搭配其他颜色，设置标题下一段文字为灰色可以起到弱化的作用。修改后图表效果如下图所示。

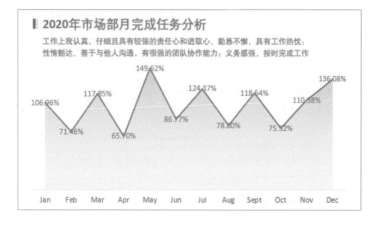

1.2 受益终身的好习惯

一般地，越是成功的人士，他身上的好习惯也越多。拥有好的习惯就能成功一半，在制作图表时一个好的习惯可以减少制图错误，并且可以提高效率。下面介绍制作专业图表的一些好习惯。

1. 不需要表标题

在Excel中制作表格时，大部分人喜欢在表格的上一行输入表标题。但是当需要使用表格中数据创建图表时，会发现表标题的内容显示在图例中，很不专业，如下图所示。

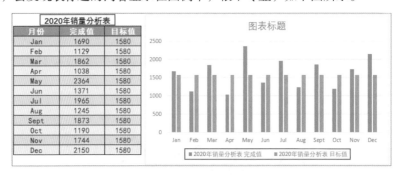

这种问题如何解决呢？第一种，删除图表，然后选择需要创建图表的数据区域重新创建图表；第二种，选中图表，使用"选择数据"功能，打开"选择数据源"对话框，在"图例项"区域中选择图例，单击"编辑"按钮，在打开的"编辑数据系列"对话框中重新选择系列名称对应单元格。

其实任何一种解决的方法都很浪费时间，我们只需在制作表格时将工作表命名为表标题的内容，或者让表格的数据区域独立，标题行和数据区域中间隔一行。通常情况下建议对工作表命名，因为当工作簿中包含多个工作表时，可以通过工作表名称了解表格的内容。

2. 不要使用空格

很多人制作表格时，为了让内容更整齐，会在文本之间添加空格，如下图在表格中"得力"文本之间添加空格。

	A	B	C	D	E	F	G	H
1	序号	产品品牌	产品名称	产品型号	数量	单位	采购单价	采购金额
2	1	得　力	白板笔	332-M	15	盒	¥11.00	¥165.00
3	2	得　力	白板笔	256-L	12	盒	¥13.00	¥156.00
4	3	得　力	按动中性笔	S0	20	盒	¥25.00	¥500.00
5	4	得　力	荧光笔	6色	15	盒	¥11.00	¥165.00
6	5	得　力	荧光笔	12色	10	盒	¥26.00	¥260.00
7	6	得　力	荧光笔	24色	8	盒	¥39.00	¥312.00
8	7	晨光	记事本	16K/48P	89	本	¥5.00	¥445.00
9	8	晨光	会议记录本	32K/120P	50	本	¥13.00	¥650.00
10	9	晨光	便利贴纸	25*34	50	张	¥3.00	¥150.00
11	10	晨光	牛皮纸信封	229*162	35	打	¥10.00	¥350.00
12	11	晨光	文件夹	xsd-255	16	箱	¥125.00	¥2,000.00
13	12	浩立信	费用报销单	10本装	26	份	¥21.00	¥546.00
14	13	浩立信	收款收据	三联	30	份	¥32.00	¥960.00
15	14	浩立信	装订线	白色	1	箱	¥52.00	¥52.00
16	15	浩立信	付款申请书	240*120	30	份	¥25.00	¥750.00
17	16	浩立信	考勤表		28	份	¥17.00	¥476.00
18	17	浩立信	记账凭证		35	份	¥23.00	¥805.00

在制作图表时，需要对数据进行整理，如果对"得力"进行汇总求和，因为添加的空格数量有可能不一样，就会出现错误的汇总数据。

那么如何解决文本对齐的问题呢？先删除所有空格，然后选中该单元格区域，打开"设置单元格格式"对话框，在"对齐"选项卡中设置"水平对齐"为"分散对齐（缩进）"，接着适当调整列宽即可，如下图所示。

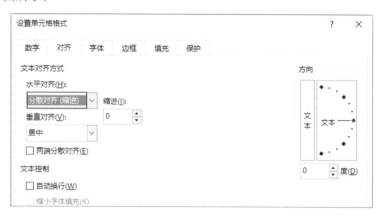

3. 不要合并单元格

在制作表格时，合并具有相同数据的单元格，可以使表格中数据分类很清晰，如下图所示。

	A	B	C	D	E	F	G	H
1	序号	产品品牌	产品名称	产品型号	数量	单位	采购单价	采购金额
2	1		白板笔	332-M	15	盒	¥11.00	¥165.00
3	2		白板笔	256-L	12	盒	¥13.00	¥156.00
4	3	得力	按动中性笔	S0	20	盒	¥25.00	¥500.00
5	4		荧光笔	6色	15	盒	¥11.00	¥165.00
6	5		荧光笔	12色	10	盒	¥26.00	¥260.00
7	6		荧光笔	24色	8	盒	¥39.00	¥312.00
8	7		记事本	16K/48P	89	本	¥5.00	¥445.00
9	8		会议记录本	32K/120P	50	本	¥13.00	¥650.00
10	9	晨光	便利贴纸	25*34	50	张	¥3.00	¥150.00
11	10		牛皮纸信封	229*162	35	打	¥10.00	¥350.00
12	11		文件夹	xsd-255	16	箱	¥125.00	¥2,000.00
13	12		费用报销单	10本装	26	份	¥21.00	¥546.00
14	13		收款收据	三联	30	份	¥32.00	¥960.00
15	14	浩立信	装订线	白色	1	箱	¥52.00	¥52.00
16	15		付款申请书	240*120	30	份	¥25.00	¥750.00
17	16		考勤表		28	份	¥17.00	¥476.00
18	17		记账凭证		35	份	¥23.00	¥805.00

但是，当需要对数据进行分析、整理时，就要付出代价了。例如，制作图表之前对数据进行排序，使图表更符合要求，但是排序时系统会弹出提示对话框，如下图所示。

要解决此问题，唯一的办法只能是怎么合并的单元格就怎么还回去。

4. 单位和数据要分离

在制作表格时，特别是采购表、销售表或库存表等需要显示商品的单位时，很多人习惯输入数量之后直接输入单位，如下图所示。

序号	产品品牌	产品名称	产品型号	数量	采购单价	采购金额
1	得力	白板笔	332-M	15盒	¥11.00	
2	得力	白板笔	256-L	12盒	¥13.00	
3	得力	按动中性笔	S0	20盒	¥25.00	
4	得力	荧光笔	6色	15盒	¥11.00	
5	得力	荧光笔	12色	10盒	¥26.00	
6	得力	荧光笔	24色	8盒	¥39.00	
7	晨光	记事本	16K/48P	89本	¥5.00	
8	晨光	会议记录本	32K/120P	50本	¥13.00	
9	晨光	便利贴纸	25*34	50张	¥3.00	
10	晨光	牛皮纸信封	229*162	35打	¥10.00	
11	晨光	文件夹	xsd-255	16箱	¥125.00	
12	浩立信	费用报销单	10本装	26份	¥21.00	
13	浩立信	收款收据	三联	30份	¥32.00	
14	浩立信	装订线	白色	1箱	¥52.00	
15	浩立信	付款申请书	240*120	30份	¥25.00	
16	浩立信	考勤表		28份	¥17.00	
17	浩立信	记账凭证		35份	¥23.00	

上图表格并没什么问题，但是"数量"列中的数据为文本格式，不是数值了，如果使用公式计算"采购金额"，将无法计算出结果，也不能制作图表，如下图所示。

序号	产品品牌	产品名称	产品型号	数量	采购单价	采购金额
1	得力	白板笔	332-M	15盒	¥11.00	#VALUE!
2	得力	白板笔	256-L	12盒	¥13.00	#VALUE!
3	得力	按动中性笔	S0	20盒	¥25.00	#VALUE!
4	得力	荧光笔	6色	15盒	¥11.00	#VALUE!
5	得力	荧光笔	12色	10盒	¥26.00	#VALUE!
6	得力	荧光笔	24色	8盒	¥39.00	#VALUE!
7	晨光	记事本	16K/48P	89本	¥5.00	#VALUE!
8	晨光	会议记录本	32K/120P	50本	¥13.00	#VALUE!
9	晨光	便利贴纸	25*34	50张	¥3.00	#VALUE!
10	晨光	牛皮纸信封	229*162	35打	¥10.00	#VALUE!
11	晨光	文件夹	xsd-255	16箱	¥125.00	#VALUE!
12	浩立信	费用报销单	10本装	26份	¥21.00	#VALUE!
13	浩立信	收款收据	三联	30份	¥32.00	#VALUE!
14	浩立信	装订线	白色	1箱	¥52.00	#VALUE!
15	浩立信	付款申请书	240*120	30份	¥25.00	#VALUE!
16	浩立信	考勤表		28份	¥17.00	#VALUE!
17	浩立信	记账凭证		35份	¥23.00	#VALUE!

要解决此问题只需要将数据和单位分别输入在不同的列中。

5.删除不必要的图例

图例是图表中的一个元素，当我们在数据系列上显示相关数据时，可以将不需的图例删除。下左图为显示图例的效果。

将图例的内容显示在各扇区上，然后选中图例按Delete键删除。此时图表中各部分比较简洁，效果如下右图所示。

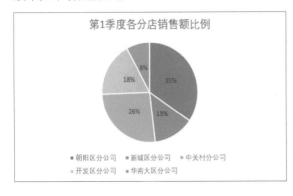

6. 不要倾斜标签

倾斜的标签一般出现在横坐标轴上，由于文本太长，图表的宽度不够长导致的。倾斜的标签不方便观者查看，总有一种需要歪着头看图表的感觉，一般不建议使用倾斜的标签。

7. 对数据进行排序

在制作图表之前最好对数据进行排序，一般为降序排列，即图表中数据系列是由大到小的顺序。如果没有对数据进行排序，则图表数据混乱，不方便比较数据大小。下图中图表的标签是倾斜的，而且没有对数据进行排序。

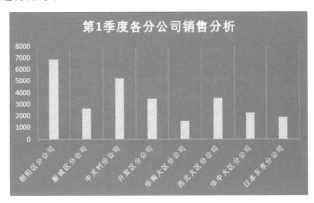

要解决6和7的两个问题，首先将光标定位在需要排序的数据中，在"数据"选项卡中单击"降序"按钮。接着调整倾斜标签的问题，一般有两种解决方法，第一种方法是在源数据表格中通过Alt+Enter组合键对横坐标轴文本强制分行，效果如下图所示。

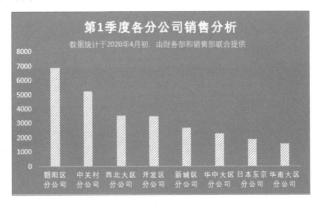

第二种方法是将柱形图更改为条形图，如下图所示。

提示 | 排序要注意的问题

对数据进行排序时一定要注意，按日期和时间顺序的图表不可以对数据进行排序。

当按降序排列时，条形图由上到下是从小到大显示，此时可以按升序排列或者设置逆序类别。

1.3 走出Excel图表制作误区

在Excel数据可视化的学习和应用道路上，无论你是小白还是高手难免会遇到各种各样的问题，很难制作出一份满意的图表，本节将对制作Excel图表常见的误区进行详细介绍。

1.3.1 选择合适的图表

Excel中包含16种图表类型，每种图表类型包含不同的子类型，总共57种类型。每一种图表类型都具有其特点和应用范围，只有对各类图表的应用范围理解精通，才能选择合适的图表。

选择图表类型是制作图表时首先要考虑的问题，即面对数据时明确是要展示数据之间的联系还是构成，是分布还是比较，然后才能选择正确的图表类型。下面根据图表的用途（联系、构成、分布和比较）介绍图表的应用范围。

1. 联系

如果在若干数据系列中展示变量之间的关系，可以使用XY散点图。当存在两个变量时使用散点图，当存在3个变量时使用子类型中的气泡图。

例如，某网销店面统计客户收货天数与满意度相关数据，其中包含两个变量，一个是收货天数，另一个是客户满意度。数据中包含两个变量时可以使用散点图，在制作图表时，根据两个变量数值的平均值制作成矩阵散点图，这样更有利于分析数据。当收货天数较长，客户的满意度会降低；收货天数短，客户的满意度会上升，散点图效果如下图所示。

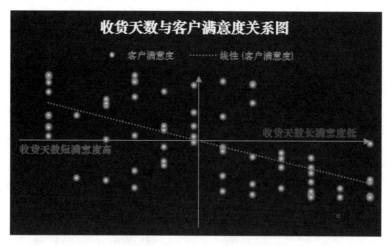

2. 构成

若要展示各数据之间的组成，可以使用饼图、瀑布图、堆积百分比柱形图和堆积面积图等。

例如，某企业的业务包括国内和国外两部分，分别统计国内外各项业务的利润。为了结构更清晰可以使用饼图，上一层分为国内和国外两部分，下一层按各项业务组成分类，并且与上一层是对应关系，效果如下图所示。

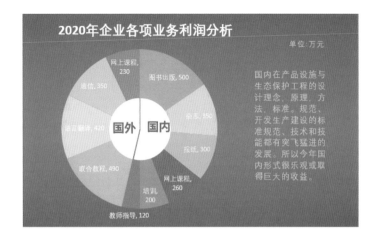

3. 分布

如果要展示各数据之间的分布，可以使用直方图、正态分布图、散点图和曲面图。

例如，企业每年年底对员工进行测试，满分为600分，现在需要按400分、450分、530分为分界点统计人数，直方图的效果如下图所示。

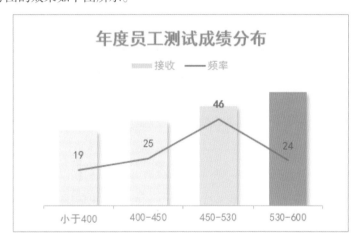

图表中柱形图表示分数的高低，折线图表示各分数段的人数。可见员工总成绩集中在450~530分之间，其次是530~600分和400~450分之间，小于400分人数最少。

如果要展示某工厂测定三个零件在800度条件下硬度的分布情况，可以使用散点图，从图表中可以清楚地看到三个零件硬度分布的范围主要在20~60之间，效果如下图所示。

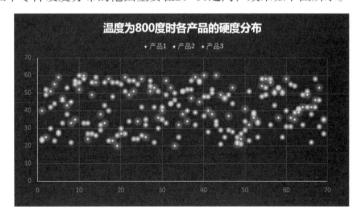

4. 比较

该类图表主要用于比较数据，可以使用柱形图、条形图、雷达图、折线图和曲线图等。

例如，企业对各部门的能力进行考核，使用雷达图展示考核成绩。同一项目考核离中心点越远表示考核成绩越好，离中心点越近表示考核成绩越差，如下图所示。

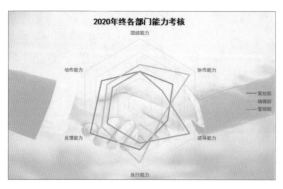

在工作和生活中，使用图表的目的是展示相关数据和解决相应的问题，例如当月的销售业绩如何、项目的进度、员工工资的分布等。当我们明确制作图表的主要目的后，就需要整理数据，然后选择合适的图表类型。

1.3.2 选择有意义的数据

并不是有数据存在就可以使用图表的，只有针对有意义的数据才能去创建图表，否则图表就失去它的作用和意义了。

1. 没有关联的数据

若表格中的数据在横向上没有关联，也没有可比性，这样的数据没有制作图表的意义。例如，企业统计员工体检数据，包括年龄、身高、体重和血压等，这些都是没关联的数据，不适合使用图表。体检数据如下图所示。

姓名	年龄	身高	体重	肺活量	低压	高压
张奕文	28	186	77	157	86	142
赵瑞	42	190	72	127	91	176
李楠	45	173	75	118	69	151
周秋培	33	168	78	197	73	103
何仙人	45	172	70	140	75	132
韩建国	32	160	88	153	97	104
朱圣海	37	163	65	183	88	145
韦永宏	28	184	88	163	73	153
元神	35	171	67	196	71	106

2. 数据之间差异很小

当数据之间的差异很小时，在图表中展示数据是很难观察到变化的，也就没有使用图表的意义了。例如，工厂对某零件在800度测试硬度时，其数值差异不大，使用柱形图的效果如下图所示。

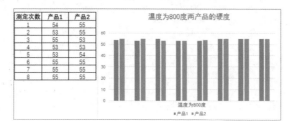

当表格中的数据比较接近时，可以通过Excel的排序功能对数据进行升序或降序排列。如果通过调整图表中纵坐标轴的最小值来显示其差异时，在展示数据时会让观者产生误解。

3. 选择同类型的数据

选择同类型的数据是指在创建图表时选择同级别项目数据，如按季度统计数据，制作图表时只选择季度的数据即可，不需要选择季度和全年的数据。下面为公司统计出国内和国外各项目的支出数据，然后使用折线图展示的效果。

区域	图书出版	杂志	报纸	网上课程	培训	教师指导	合计
国内	500	350	300	260	200	120	1730
国外	490	420	350	230	200	150	1840

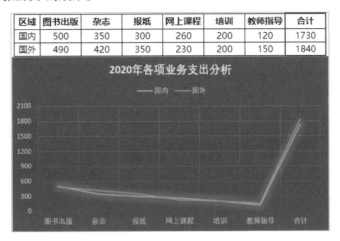

在上图的图表中可以只选择各项目对应的数据，并创建图表。如果需要展示"合计"的数据，则只需要将其单独选择并创建图表即可。

1.3.3 禁用误导性的图表

当使用不恰当的图表或者进行不合理的设置时，会导致图表表达数据出现歧义，误导观者。下面介绍常见的误导型图表。

1. 坐标轴刻度强调效果

图表的纵坐标轴刻度默认情况下是从0开始的，如果设置坐标轴刻度的最小值，会改变数据系列的变化幅度，在视觉上让观者产生误解。

例如，对某款咖啡的口味进行评分，以柱形图展示数据。下左图纵坐标轴的起始值是4，展示的效果是咖啡的口味变化很大；下右图纵坐标轴的起始值为0，展示的效果是咖啡的口味变化不大。

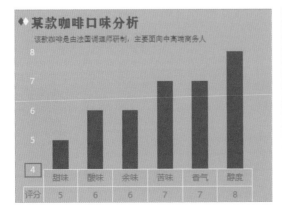
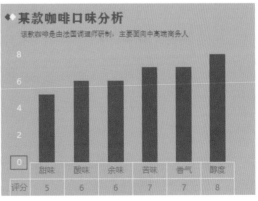

两个图表的原始数据都是一样的，但是给观者展示的效果是不同的，主要的原因是纵坐标轴的起始值不同。为了能够展示实际的数据，不让观者产生误解，所以在制作图表时尽量不要设置坐标轴的刻度（除非为了某种目的）。

2. 双坐标轴使用不当

双坐标轴指的是在同一图表中使用主坐标轴和次坐标轴。使用双坐标轴可以更形象地展示数据，还可以有效解决数据系列中数据差别大的问题。但是使用双坐标轴时需要注意以下两点：

- 如果双坐标轴刻度单位一样，则双坐标轴刻度要保持一致。
- 如果双坐标轴刻度单位不同，则双坐标轴网格线要对应。

例如，公司统计上半年实际销售值和目标值，并通过柱形图比较两组数据。主坐标轴的最大值为2000，次坐标轴的最大值为2500，如下图所示。

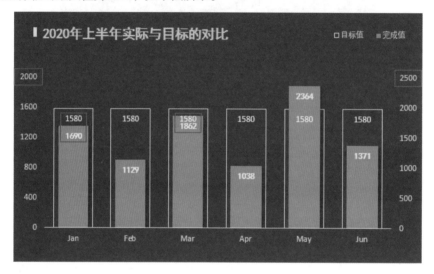

从图中直观可见只有5月份超额完成目标，添加数据标签后可见1月和3月份的实际销售值是大于目标值的，这就是双坐标轴刻度不一致导致的结果。只需要设置相同刻度，即在"设置坐标轴格式"导航窗格的"坐标轴选项"区域中设置最大值和单位。

下左图的图表主坐标轴代表员工总成绩，次坐标轴代表人数。主坐标轴最大刻度是700，单位是100，总共有7条横网格线；次坐标轴最大刻度为50，单位是10，总共有5条横网格线。主次两个坐标轴的网格线是不对应的，在展示数据时会出现偏差。

下右图设置次坐标轴的最大刻度为70，单位为10，共有7条横网格线，和左侧网格线一致。

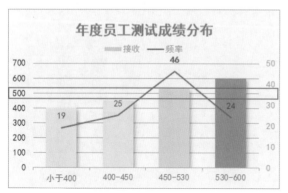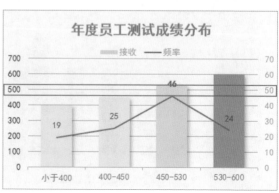

3. 慎用3D图表

在制作图表时，为了追求特殊的或者炫酷的效果，会为图表添加过多修饰性的元素或者使用3D立体图表。3D效果的图表为了体现空间上的立体感，很容易牺牲数据的真实感。

例如，分别使用三维饼图和二维饼图展示各项利润的数据，下左图为三维饼图，直观感觉"软件测试"的利润要比"软件开发"多，但是从数据标签中的数据来看结果并非如此。下右图为二维饼图，它可以正确、真实地展示各项利润的大小。

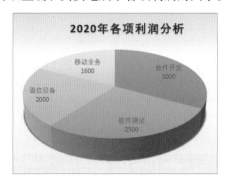 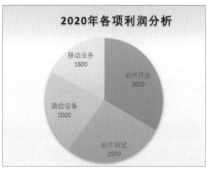

三维柱形图也会让观者产生误解，例如，下图是使用三维柱形图比较上半年完成值和目标值的大小。表格中1月份完成值为1690、目标值为1580，但是从三维柱形图中直观感觉是完成值的柱形要比目标值柱形矮。

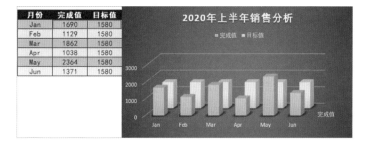

4. 扭曲数据

在制作图表时，为了图表的效果更形象化，我们经常使用精美的图片或形状展示数据。如果实物的大小与数据不成比例，也会让观者产生误解。

例如，下图展示全国高校男女比例，男女比例相差不大，但是因为实物大小不同，直观感受是女生的比例要小。

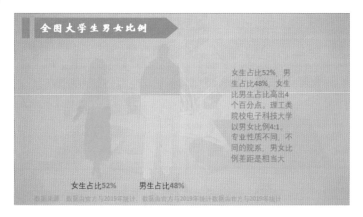

1.3.4 使用多张图表时慎用多种图表类型

之前介绍过制作表格要学会整理数据，为了将数据简单化需要创建多张图表，此时同系列的数据要使用相同的图表类型，否则图表会很混乱，而且不方便比较数据。

例如，下图分别使用条形图、折线图、饼图和柱形图展示4个品牌全年各季度的销量。

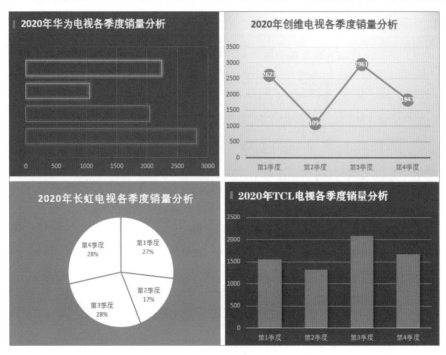

在同一场景中使用相同的图表类型，可以使展示的效果更整齐。将上面图表都更改为柱形图，并且颜色、风格都一致，坐标轴的刻度也相同，这样就很容易进行数据比较，如下图所示。

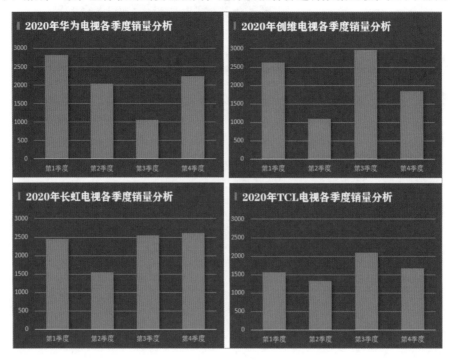

1.4 不断地学习

无论学习什么技能，掌握技法后需要不断地学习，吸取成功人士的经验，才能快速提高自身能力，所以我们还需要善于学习。

我们在不断学习的过程中寻找好的途径可以更系统、正确地学习，下面介绍几种学习途径。

1. 书籍

通过书籍学习是所有途径中比较实用、快捷的方法。在书中学习到理论和操作技巧，然后根据现实问题去应用，可以快速提高我们制作图表的能力。而且现在很多书中包含很多实战案例，我们可以进行模拟操作，学习作者的经验。

目前市场相关的图书很多，其中影响力巨大的图书也很多，下面推荐国外的一本巨作——《用图表说话》，可以与本书配套阅读。

《用图表说话》，作者是基尼·泽拉兹尼（Gene Zelany），作者不仅提出了演示的实用方法和技能，而且揭示了成功演示的基本原理和思想。本书是从观众需求出发，将技巧和理念系统地结合起来，通过作者几十年的经验介绍，教会我们如何把信息、思想变成有影响力的图表。

2. 网站

现在人的生活和学习都离不开网络，网站已经成为重要的信息传播途径。我们可以从网站中学习形形色色的知识，以及某些行业内的专业知识。通过网站，我们可以学习到行业内大咖们的成功作品以及制作过程和方法，学习图表也一样。只要善于学习、善于在网站上搜索，就会拥有强大的学习资源。

下面介绍几个优秀的网站。

（1）Spreadsheet Page

这是全球著名的Excel专家John walkenbach的网站。John walkenbach是J-Walkand Associates,Inc.负责人，是Excel权威专家，迄今已经撰写50多本相关的图书。由他开发的Power UtilityPak工具箱屡获大奖。

（2）Excelhome

该论坛的版块覆盖内容非常全面，从Excel基础技巧到函数公式、数据透视表、图表、VBA、Power BI，是我们学习Excel很有力的途径。

国内像Excelhome这样Excel学习的网站还有Excel精英培训网和Excel技巧网等。

（3）PTS blog

该博客专注讨论Excel图表的制作技巧，博主是一位真正的图表高手，相信我们能够学到很多实用的内容。

在网站上学习也有弊端，就是所学的知识比较零散、不系统，但是可以作为我们提高某方面能力的重要途径。

3. 杂志网站

在一些顶级的杂志上和杂志网站中都有非常优秀的图表，内容专业、外观很吸引眼球、更容易理解。我们在浏览杂志网站时可以刻意学习图表，将其保存并模仿，可以快速提高制作专业图表的能力。

在模仿优秀的图表时，先要分析图表的结构、配色，然后再深入理解图表的目的、传达的信息等，如商业周刊、经济学人、纽约时报和华尔街日报等。我们不需要购买相关杂志，只需要去对应的网站浏览、查找图表。

笔者从网上搜索一些商业杂志网站上的图表，下左图为经济学人网站上的图表。下右图为华尔街日报网站上的图表。

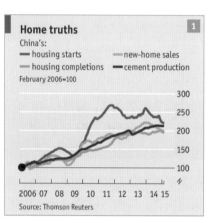

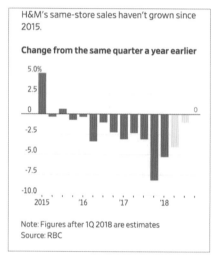

我们可以分析并模仿华尔街日报中的图表，该图表的数据系列分布在分界线的上下两侧，说明数据包括正负数。其中右侧为浅色，有可能表示预测的数据，所以需要单独填充；图表的上下文本需要通过插入文本框完成。分析完成后开始模仿制作，效果如下左图所示。该图表不能很好地展示各数据系列的名称，我们再通过辅助数据为数据系列添加名称，效果如下右图所示。该类型图表将在第7章中详细介绍制作方法。

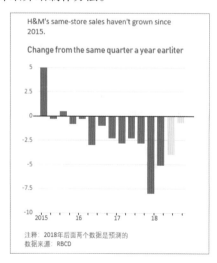

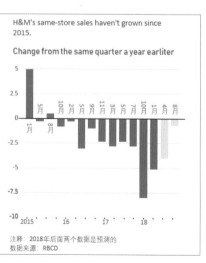

4. 储备Excel模板

要想成为图表高手，必须储备足够多的优秀图表，并且能够独立模仿制作。我们也可以将优秀的图表保存为模板，下次使用时直接套用。

下面介绍将图表保存为模板的方法。

Step 01 打开"2020年市场部任务完成情况.xlsx"工作簿，选中需要保存为模板的图表并右击❶，在快捷菜单中选择"另存为模板"命令❷，如下图所示。

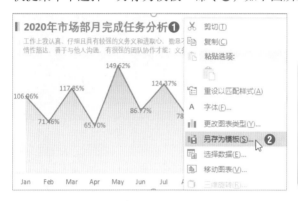

Tips

提示 | 保存为Excel模板

我们也可以通过"另存为"功能将创建的图表保存为模板，方法是单击"文件"标签，在列表中选择"另存为"选项，选择"浏览"选项，在打开的"另存为"对话框中设置保存类型为"Excel模板"，自动设置模板的保存路径，单击"保存"按钮即可。

Step 02 打开"保存图表模板"对话框，保持默认保存路径和保存类型，然后在"文件名"文本框中输入文件名❶，单击"保存"按钮❷，如下左图所示。

Step 03 保存完成后，如果使用该图表模板，选中数据区域，单击"插入"选项卡中"推荐的图表"按钮，在打开的"插入图表"对话框的"所有图表"选项卡❶中选择"模板"选项❷，在右侧"我的模板"区域显示保存的图表模板❸，选中后单击"确定"按钮即可，如下右图所示。

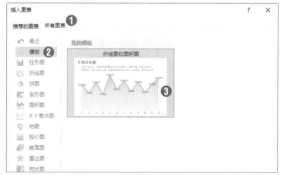

我们也可以使用Excel在线模板，方法是：打开Excel软件后，在"新建"区域的搜索框中输入图表类型，按Enter键，在搜索的图表中选择合适的选项即可，如下图所示。

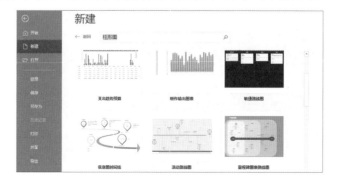

第 **2** 章

让图表准确表达数据

　　图表的作用之一是准确地梳理和传达信息，但是很多人在制作图表时却很难做到。此处提到的数据，是在Excel中使用表格整理的数据，然后再通过表格中的数据创建图表，所以在制作图表之前要分析、整理数据。

　　本章介绍让图表准确表达数据的相关知识，首先介绍图表展示数据的魅力，让读者了解到使用图表的好处；其次介绍如何读懂表格，要想准确地表达数据，第一步要理解表格；再次介绍图表的类型，只有选择合适的图表类型能才准确地表达数据；最后介绍图表的组成元素，只有全方面理解图表才能合理地利用它。

2.1 图表的魅力

电子产品和短视频的快速发展，导致阅读沦为"快餐"，那么怎么才能够抓住读者的眼球呢？这时我们需要将复杂的信息简单化、将抽象的事物具体化、将数据信息形象化，而图表可以形象地展示事件的相关数据，这就是图表的魅力所在。

2.1.1 使用简单图表呈现数据

图表可以将分散在数据表格中的每个独立数据关联起来，清晰、直观地表现出其发展规律和变化趋势。人脑对视觉信息的处理比书面信息容易得多，使用图表来总结复杂的数据，可以确保对关系的理解比报告或电子表格更快。这也就是之前介绍"文不如表，表不如图"的原因。

人们在阅读时通常是先看图再看文字，所以图表的好坏直接影响到是否要继续阅读。使用表格展示数据，不仅增加人们的阅读压力，而且很难发现数据的变化趋势。例如，某公司将某项目分为不同的阶段，并且规定每个阶段所需的时间以及延期的时间。虽然表格中的数据不是很多，但是观者要想理清楚各阶段所需的天数以及起始日期还是很困难的，表格如下图所示。

项目阶段	开始时间	项目天数	延期天数	完成时间
确定项目	2020/1/2	10	3	2020/1/12
立项决策	2020/1/10	5	2	2020/1/15
勘察设计文件	2020/1/15	15	5	2020/1/30
建筑工安装	2020/1/30	30	10	2020/2/29
竣工验收	2020/2/29	5	2	2020/3/3
交付结束	2020/3/5	5	2	2020/3/10

当表格中是通过时间和项目周期等相关数据展示某项目的进度时，我们可以使用亨利·劳伦斯·甘特提出的甘特图展示项目的周期。Excel中没有甘特图，我们可以通过"堆积条形图"制作，效果如下图所示。甘特图的制作方法将在7.2.3节中详细介绍。

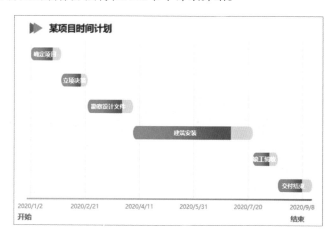

2.1.2 突显重点数据

"擒贼先擒王"说的是我们无论做什么事情都要突出重点，不能眉毛胡子一把抓。制作图表也一样，要突出重点数据，让观者第一时间了解特殊的内容，然后再介绍次要的内容。

在图表中要突出的重点数据一般是最大值或最小值，通常情况下可以为该数据系列设置不同的颜色或形状，也可以对数据排序以达到突出效果。

例如，企业统计出2020年各部门的接待费用，使用柱形图呈现统计的数据。我们可以为数据系列添加数据标签，观者可以通过数据进行查看，但是由于演示的时间有限，不可能让观者看得这么细致。

因为是统计部门的接待费用，所以我们可以对数据按降序排序。这样图表中数据系列从左到右表示的数据就是从大到小了，效果如下左图所示。

如果按时间顺序统计的数据，就无法通过排序的方法突出最大值了。例如，统计企业每月利润和费用的数据后，可以通过填充不同的颜色展示效果，如下右图所示。

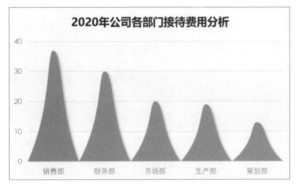 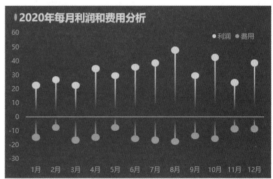

在平时工作中经常遇到在同一大类中包含不同子类，需要在同一图表中突出不同大类中最大的子类的问题。

例如，某商品上市1个月后，分析在4个地区中重点的3个省的占有率。在图表中需要将同地区的数据结合在一起，为了区分地区可以通过辅助数据在图表中添加大小不同的形状作为背景；然后为各地区占有率最大的数据系列填充不同的颜色，效果如下图所示。

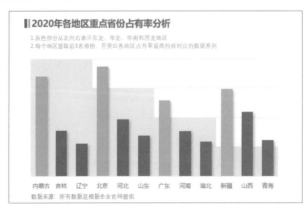

图表中数据系列的背景为灰色，左侧最高、右侧最矮，分别表示东北、华北、华南和西北4个地区。每个地区的数据按降序排列，最左侧为最大的数据系列，图表整齐，重点突出。

2.1.3 发掘隐藏的信息

在如今这个大数据时代里，数据的价值得到普遍的认可。然而，只是"有"数据还不够，数据的"准确性"和数据的"分析"也是至关重要的。数据只有经过加工和挖掘，变成有用的信息，才具备真正的价值，我们要学会从数据中发掘隐藏的信息。

在Excel图表中可以添加趋势线展示现有数据的趋势，还可以预测下一时间段的走势。下左图为最近10年某企业投资与收益分析图示例。

在图表中分别为投资和收益添加线性趋势线，从趋势线的走势来看企业最近10年投资金额是逐年增涨的，从2015年开始收益。通过趋势线可以发现数据背后信息。

通过线性预测可以预测下一周期的趋势，例如，统计某企业最近6年的费用，可以使用柱形图呈现数据，然后添加线性预测并设置推后一个周期，效果如下右图所示。

 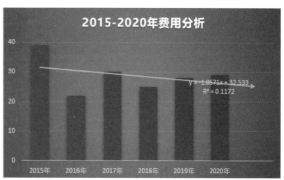

以上介绍的是通过简单地添加趋势线来系统自动显示数据的发展趋势，接下来介绍如何对数据进行分析并发掘隐藏的信息。

例如，某企业统计了最近几年的总费用、费用明细、投资项目分配和收益，我们分别为4个表格的数据创建图表，并使用OFFSET函数和列表框控件控制4个图表显示，即选中年份的信息，可以快速进行同期数据对比，效果如下图所示。制作动态的图表的方法将在第9章中详细介绍。

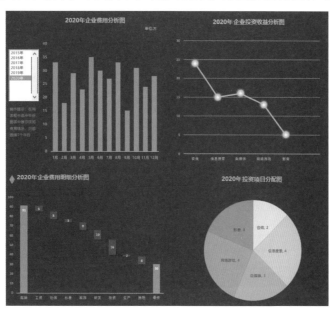

在列表框中选择年份查看相关数据时，发现2019年5月的费用相当大，是正常费用的两倍多，如下左图所示。

这是常见的柱形图，为了突出显示费用最高的数据系列，通过添加辅助数据使用MAX函数计算出最大值，然后设置次坐标轴即可。其效果是无论在列表框中选择哪个年份，都将自动突出最大的数据系列并应用设置的格式。

由于2019年5月的费用值很高，接下来再查看2019年费用明细分析图。在列表框中选择2019年时，该图表自动显示相关数据，如下右图所示。

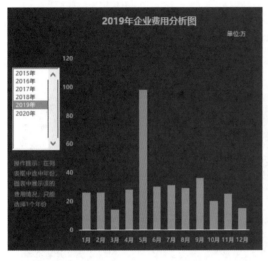

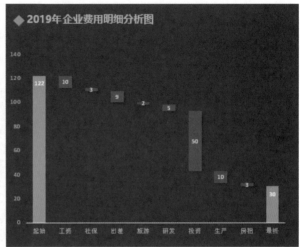

该图表为瀑布图，是通过堆积柱形图制作的。从图表中可见2019年投资金额巨大，这是导致2019年费用增加的原因。由此引出另一个问题，2019年的投资到哪里了？接下来再继续分析，查看2019年投资项目分配图，如下左图所示。

该图表是饼图，可以很形象地展示各投资项目之间的比例。从图表中可见2019年投资了5个项目类别，分别是咨询、信息搜索、自媒体、网络游戏和影音。那么各项目投资了一年，企业的收益如何呢？在列表框中选择2020年，查看2020年企业投资收益分析图，如下右图所示。该图表为折线图，清晰地展示了各投资项目一年后的收益情况。

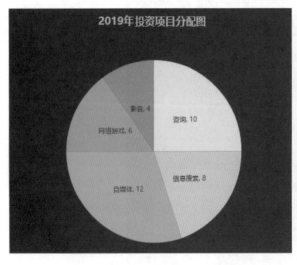

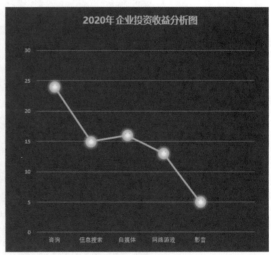

读懂表格

图表的展示离不开表格中的数据，在创建图表之前首先要读懂表格，例如：

表格中数据要表达什么含义？

表格中的重点数据是什么？

数据分为几大块？

表格的结构和维度是什么？

如何把表格中的信息展示出来？

……

对表格的结构和维度理解并不难，对于初学者来说难的是如何读懂表格中的数据。大家在创建图表时只注重表格的结构该使用什么图表类型，很少有人去深入理解表格、去挖掘内在的信息。

例如，某企业2020年创建微信公众号，按不同年龄段统计每个月的涨粉数据，并在表格中对相关数据进行求和，现在需要将表格中的数据通过图表的方式展示出来。将数据制成表格的效果，如下图所示。

2020年企业微信号不同年龄段涨粉分析

年龄段	1月	2月	3月	4月	5月	6月	7月	8月	9月	10月	11月	12月	合计
16-20	1170	1622	1247	1131	1973	1752	1460	1779	1100	1941	1453	1081	17709
20-25	2291	1740	1802	2492	1933	1910	2283	2213	2008	1560	1793	2148	24173
25-30	2341	2446	2946	2239	2115	2970	2378	2035	2447	2212	2787	2661	29577
30-40	1156	1886	1786	1702	2141	1001	2085	1419	1283	1244	1328	1312	18343
40-50	1200	913	755	642	1381	1064	1088	1125	778	1078	627	947	11598
合计	8158	8607	8536	8206	9543	8697	9294	8571	7616	8035	7988	8149	101400

表格中数据是统计5个不同年龄段每个月的涨粉数量，是按照时间比较数据的，可以使用柱形图、折线图、条形图等进行展示。创建柱形图，效果如下图所示。

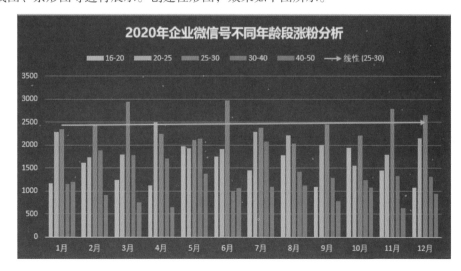

在上图中，图表中密密麻麻的数据系列，除了能比较出各数据系列的大小外，估计也没什么信息了，看着就让人感觉混乱、头晕。不过从添加的线性趋势线可以明白25~30年龄段的粉丝是缓慢增涨的。

我们拿到数据时先别着急制作图表，先要认真阅读并分析表格以及表格中的数据，看看能发掘出什么信息，适合什么样的图表。

首先，从上述表格中可知按5个年龄段分析涨粉数量，并且已经对各年龄段一年的粉丝数量进行求和，所以可以创建图表展示不同年龄段粉丝总量的占比。要比较各项目的占总量的比例，可以使用饼图或圆环图，圆环图的效果如下图所示。

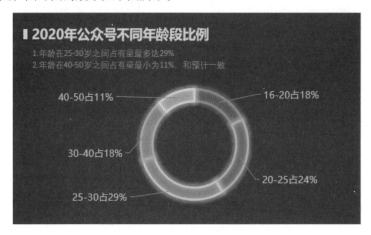

其次，通过饼图或圆环图展示各年龄段的比例，我们还可以更深入地去分析每个年龄段的情况。同样是比较数据的占比，所以还需要使用饼图或圆环图，只是需要突出不同年龄段的占比，所以将不同年龄段的数据与总数据进行创建图表。下面只展示前两个年龄段的粉丝量与总粉丝量的占比，在制作圆环图时，调整第1扇区的角度，让展示的扇区在正上方，如下图所示。

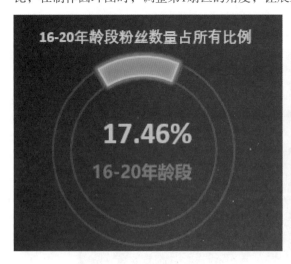

再次，表格中是按照时间进行统计数据的，可以创建图表分别展示各年龄段粉丝数据的变化趋势。从数据的变化趋势，可以分析哪个月粉丝量增加的原因或者减少的原因，在以后的工作中可以改进或继续坚持好的因素。由于表格的数量比较多，所以还需要逐个展示不同年龄段的变化趋势，此时首先选择折线图。下面展示前两个年龄段粉丝量的变化趋势，如下图所示。

在制作不同年龄段涨粉数量的折线图时，由于不同年龄段的数量不同，会出现纵坐标刻度不统一的现象。在第一章介绍这个误区，因此要注意刻度最大值统一设置，这样将5个不同年龄段的折线图放在一起的时候才能正确比较整体的大小。

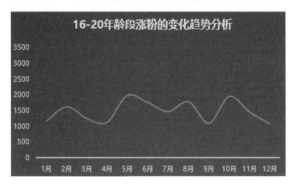 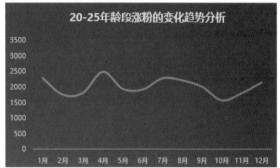

在分析不同年龄段的数据时，还可以将相应的图表放在一起分析，例如将不同年龄段的圆环图和折线图结合在一起，效果如下图所示。将图表放在一起后不但可以分析到细节，还可以将零散的信息结合在一起，了解到整体的信息。

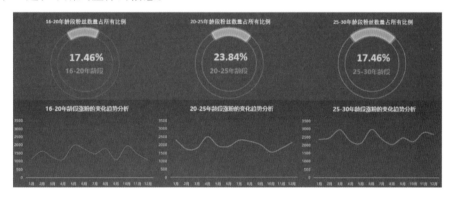

以上对表格中的数据进行细分，从不同年龄段分析数据，接下来还需要从大局上分析表格。刚开始介绍使用柱形图显得数据比较混乱，折线图也是一样，我们可以将不同年龄段在同一图表中分层展示，如堆积柱形图和堆积面积图等，为了展示得更清晰可以添加相应的文本框并注明。堆积柱形图效果如下图所示。

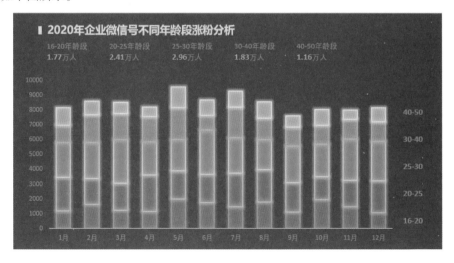

堆积面积图效果如下图所示。

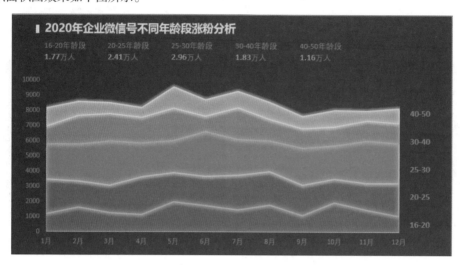

堆积柱形图和堆积面积图将不同年龄段的数据分层显示，其中堆积面积图是连续的，所以它的表现力更为突出。

在分析表格时，有时使用原始数据是达不到分析的效果的。在本表格中只统计每个月不同年龄段的数据和对相关数据进行汇总，并没有展示当初2020年的目标粉丝数量。在分析数据时经常比较实际值和目标值，进一步分析是否完成目标。

在本案例中只对全年的粉丝量和目标数量进行比较会显得表格很单调，此时可以选择丰富点的图表，例如展示指标的仪表盘图表。此时就需要提取重要的数据并根据制作图表要求添加辅助数据，如下左图所示。

在左上角的数据是根据目标数量和实际数据计算出超出人数和完成率；中间细长的表格没有展示完全，共包含20行数据，主要是为了制作仪表盘图表的刻度和渐变的扇区；右侧表格中数据主要制作仪表盘图表的指针，可以精确指向完成率对应的位置。仪表盘图表将在第8章详细介绍。

制作完成后，仪表盘图表的效果如下右图所示。

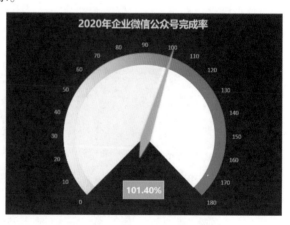

2.3 图表的类型

在Excel中共包含16种图表类型，50多种子类型，基本上可以使用图表呈现所有类型的数据。要想制作出专业的图表，除了掌握之前介绍的读懂表格之外，还需要正确地选择图表类型。

在"插入图表"对话框的"所有图表"选项卡中显示Excel内置的所有图表类型，如柱形图、折线图、饼图、条形图、面积图、曲面图、地图、直方图、瀑布图和漏斗图等，如下图所示。

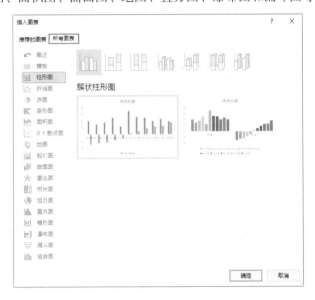

2.3.1 柱形图

柱形图常常用来显示一段时间内数据变化或比较各项数据之间的情况。在柱形图中，通常沿水平轴组织类别，沿垂直轴组织数值。在Excel表格中列或行的数据都可以绘制到柱形图中。

柱形图包括7个子类型，分别为"簇状柱形图""堆积柱形图""百分比堆积柱形图""三维簇状柱形图""三维堆积柱形图""三维百分比堆积柱形图""三维柱形图"。

下图为使用簇状柱形图展示分析2016-2020年企业投资金额的效果。

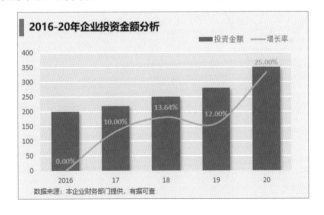

下图是腾讯网站使用堆积柱形图展示海外现有确诊及各洲累计确诊的数据。这是新冠肺炎期间腾讯提供的图表。

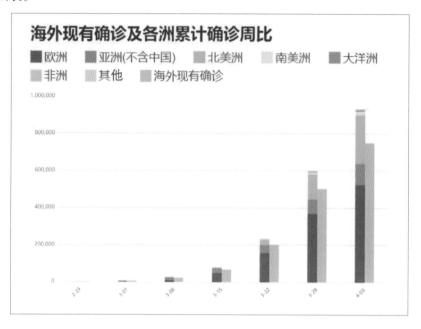

2.3.2 折线图

折线图常用来分析数据随时间的变化趋势，也可以用来分析多组数据随时间变化的相互作用和相互影响。与柱形图相比折线图更加强调数据起伏变化的波动趋势。

折线图也包括7个子类型，分别为"折线图""堆积折线图""百分比堆积折线图""带数据标记的折线图""带数据标记的堆积折线图""带数据标记的百分比堆积折线图""三维折线图"。

下图为折线图展示分析某行业评价指数的效果。

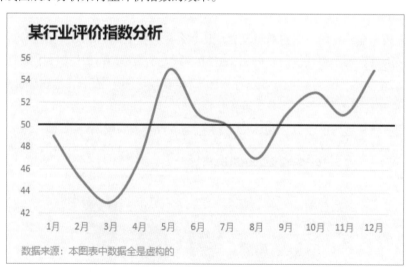

2.3.3 饼图

饼图主要用于显示每个值点与总值的比例。当仅有一个数据系列且所有值均为正值时，可使用饼图，饼图中的数据点显示为占整个饼的百分比。

饼图包括5个子类型，分别为"饼图""三维饼图""复合饼图""复合条饼图""圆环图"。

下图为饼图的效果。饼图是比较常用的图表之一，之前展示子母饼图、双层饼图和仪表盘图表都是饼图。

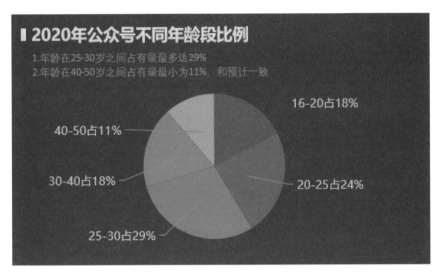

圆环图包含在饼图内，但是圆环图可以显示多个数据系列，其中每个圆环代表一个数据系列，每个圆环的百分比总计为100%。

下图为使用圆环图制作残缺图表的效果。这是通过两个相同数据制作的圆环图组合在一起的效果，通过设置扇区的分离程度使扇区分离。

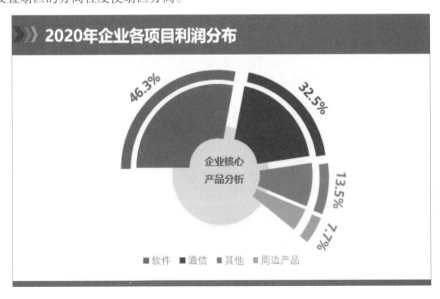

2.3.4 条形图

条形图是用于比较多个值的最佳图表类型之一，条形图显示各项之间的比较情况。条形图类似与水平的柱形图。本章介绍的甘特图就是使用堆积条形图制作而成的。

条形图包括6个子类型，分别为"族状条形图""堆积条形图""百分比堆积条形图""三维簇状条形图""三维堆积条形图""三维百分比堆积条形图"。

下图使用条形图展示天猫和京东客户满意度调整数据。该图表的数据包含正负值，然后添加正负号相反的辅助数据，再设置数据标签即可。

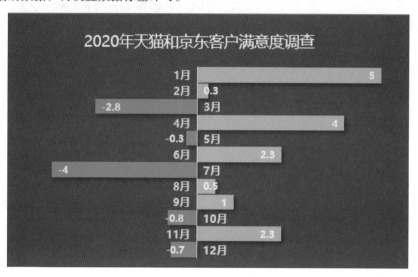

在制作时可以使用图片或形状代替条形图，如下图所示。此时需要注意，在"设置数据系列格式"导航窗格的"填充"选项区域中选中"层叠"单选按钮，否则填充的图片或形状会变形。

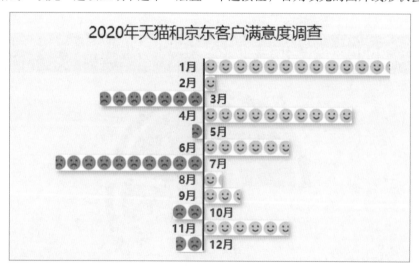

2.3.5 面积图

面积图是将折线图中折线数据系列下方部分填充颜色的图表，主要用于表示时序数据的大小与推移变化。下图为使用面积图展示某行业评价指数的效果。

面积图包括6个子类型，分别为"面积图""堆积面积图""百分比堆积面积图""三维面积图""三维堆积面积图""三维百分比堆积面积图"。

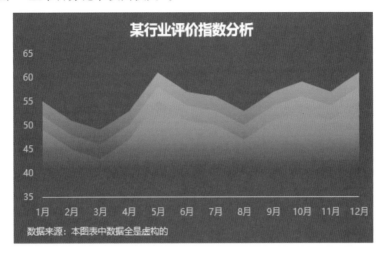

折线图也可以看作面积图，折线图转换为面积图只需要将数据复制一份，然后创建折线图，此处不需要设置平滑线。打开"更改图表类型"对话框，设置为组合图，将复制的数据设置成面积图即可。面积图转换为折线图，只需要将面积图中数据系列设置为"无填充"，再设置边框即可。

2.3.6 XY散点图

XY散点图显示若干数据系列中各数值之间的关系。散点图有两个数值轴，水平数值轴和垂直数值轴，散点图将X值和Y值合并到单一的数据点，按不均匀的间隔显示数据点。

XY散点图包括7个子类型，分别为"散点图""带平滑线和数据标记的散点图""带平滑线的散点图""带直线和数据标记的散点图""带直线的散点图""气泡图""三维气泡图"。

下图为某工厂目标和实际生产数量分析图，X轴值为目标生产数量、Y轴值为实际生产数量、气泡上的百分比是完成率。

产品	目标生产数量	实际生产数量	完成率
电声线束	90000	45000	50.00%
笔电端子线束	43301	79357	183.27%
机器人线束	60000	61501	102.50%
缓冲气缸	34370	16800	48.88%
内螺纹弯通	50000	32800	65.60%
PU软管块	88066	67767	76.95%

某工厂目标和实际生产数量分析

2.3.7 股价图

股价图用于描述股票波动趋势，不过也可以显示其他数据。创建股价图时，数据必须按照正确的顺序排列。

股价图包括4个子类型，分别为"盘高-盘低-收盘图""开盘-盘高-盘低-收盘图""成交量-盘高-盘低-收盘图"和"成交量-开盘-盘高-盘低-收盘图"。

下图为中国银行某时间段的股价图。

2.3.8 雷达图

雷达图是用来比较每个数据相对中心数值的变化，将多个数据的特点以网状的形式呈现图表，多用于倾向分析与重点把握。

雷达图包括3个子类型，分别为"雷达图""带数据标记的雷达图"和"填充雷达"。

下图为使用雷达图展示某餐厅调查影响口味的各种因素的效果。

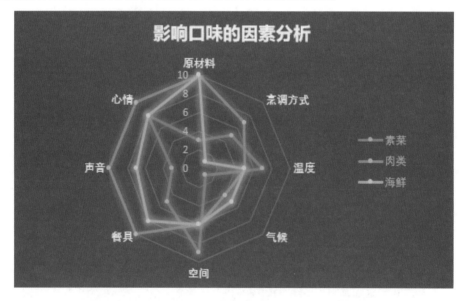

2.3.9 曲面图

曲面图是以平面来显示数据的变化趋势，像在地形图中一样，颜色和图案表示处于相同数值范围内的区域。

面积图包括4个子类型，分别为"三维曲面图""三维线框曲面图""曲面图""曲面图（俯视框架图）"。

下图为通过曲面图展示某工厂对生产的电子元件的测试结果的效果。

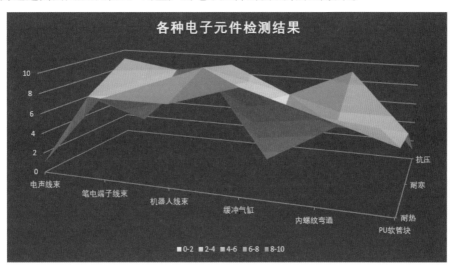

2.3.10 树状图

树状图用于展示数据之间的层级和占比关系，其中矩形的面积表示数据的大小。树状图可以显示大量数据，它不包含子类型图表。树状图中各矩形的排列是随着图表的大小变化而变化的。

下图为使用树状图展示每日三餐人所需要各种营养分配的效果。

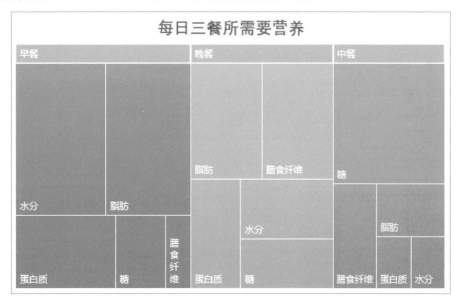

2.3.11 旭日图

旭日图是一种进化的饼图，它超越了传统的饼图和圆环图，能在饼图表示占比关系的基础上，增加表达了数据的层级和归属关系，能清晰地表达具有父子层次结构类型的数据。

下图为使用旭日图展示某小学各班级三好学生数量的效果。

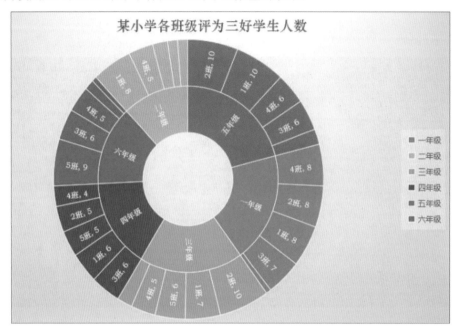

2.3.12 直方图

直方图用于展示数据的分组分布状态，常用于分析数据在各个区间分部比例，用矩形的高度表示频数的分布。

下图为使用直方图展示某企业员工对企业的满意度调查数据的效果。

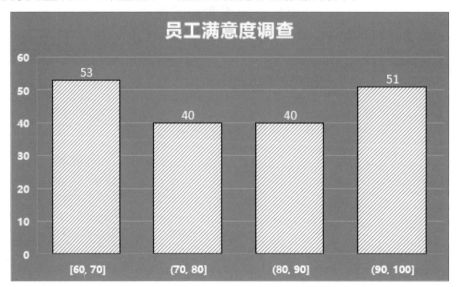

2.3.13　瀑布图

　　瀑布图是由麦肯锡顾问公司所独创的图表类型，该图表采用绝对值与相对值结合的方式，适用于表达数个特定数值之间的数量变化关系。

　　下图为使用瀑布图展示某企业1月份收支数据的效果。

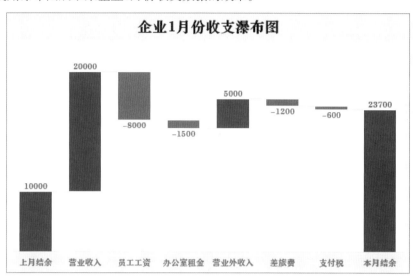

2.3.14　漏斗图

　　漏斗图适用于业务流程比较规范、周期长、环节多的流程分析，通过漏斗各环节业务数据的比较，能够直观地发现和说明问题所在。

　　下图为使用瀑布图展示某企业开发客户时不同阶段转化率的效果。

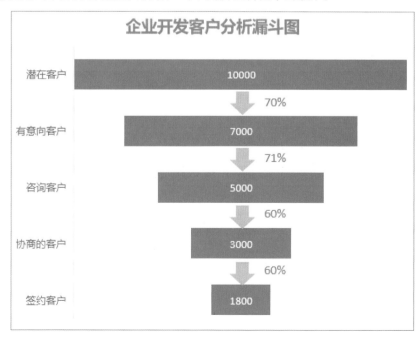

2.3.15 迷你图

迷你图是在单元格中直观地展示一组数据变化趋势的微型图表，Excel提供折线、柱形和盈亏3种类型的迷你图。

迷你图常用于显示数据的经济周期变化、季节性升高或下降趋势或者突出显示最大值和最小值等情况。

下图为某电子卖场统计2020年各月各产品销售数量，并通过折线迷图展示各产品的销售趋势。

2020年卖场各产品销售趋势分析

产品	1月	2月	3月	4月	5月	6月	7月	8月	9月	10月	11月	12月	变化趋势
电视	30	32	19	24	42	43	36	26	38	39	35	30	
电脑	41	21	10	26	36	10	46	11	50	47	40	20	
洗衣机	27	39	10	12	12	16	23	35	23	44	39	50	
平板	19	12	35	40	50	26	41	49	13	10	39	15	
手机	26	34	35	29	19	18	39	47	21	14	22	22	

下图为通过柱形迷你图展示各产品的销售趋势。

2020年卖场各产品销售趋势分析

产品	1月	2月	3月	4月	5月	6月	7月	8月	9月	10月	11月	12月	变化趋势
电视	30	32	19	24	42	43	36	26	38	39	35	30	
电脑	41	21	10	26	36	10	46	11	50	47	40	20	
洗衣机	27	39	10	12	12	16	23	35	23	44	39	50	
平板	19	12	35	40	50	26	41	49	13	10	39	15	
手机	26	34	35	29	19	18	39	47	21	14	22	22	

下图为通过盈亏迷你图展示各员工工作完成情况。

各员工完成任务分析图

姓名	1季度	2季度	3季度	4季度	盈亏迷你图
张奕文	88.7%	-37.4%	92.5%	-9.0%	
赵瑞	64.5%	20.3%	74.1%	61.3%	
李楠	32.0%	52.9%	-11.9%	71.5%	
周秋培	26.3%	80.1%	59.5%	24.0%	
何仙人	86.8%	87.8%	75.5%	49.9%	
韩建国	74.5%	-9.8%	71.7%	50.0%	
朱圣海	83.5%	52.9%	36.2%	6.3%	
韦永宏	86.5%	25.5%	91.4%	48.2%	
元神	-6.2%	75.8%	-4.7%	67.8%	

2.4 图表的组成元素

图表中包含很多元素，在默认情况下只显示部分元素，如果需要某元素时可以添加，如果不需要某元素也可以将其删除。在制作图表时，用户也可以调整各图表元素到合适的位置、更改元素大小或设置格式。下面以柱形图为例展示各图表元素，如下图所示。

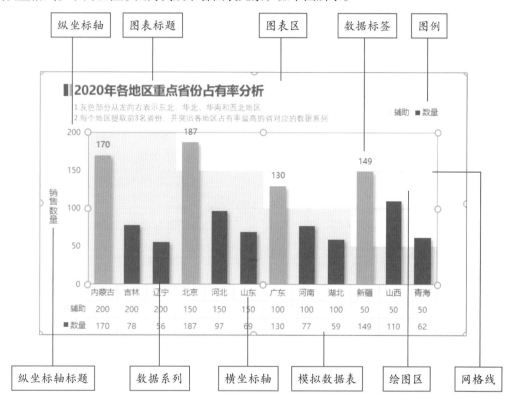

1. 图表区

图表区是图表全部范围，将光标移至图表的空白区域，在光标右下角显示"图表区"文字，然后单击即可显示图表的边框，四周出现8个控制点，在图表右侧显示3个按钮。右侧3个按钮分别为"图表元素"按钮 ✛ 、"图表样式"按钮 ✐ 和"图表筛选器"按钮 ▼ 。

单击"图表元素"按钮，在右侧列表中勾选元素对应的复选框，在子列表中选择对应的选项即可添加元素，如右图所示。

单击"图表样式"按钮，在列表的"样式"和"颜色"选项卡中可以设置图表样式和系列的颜色，如下图所示。

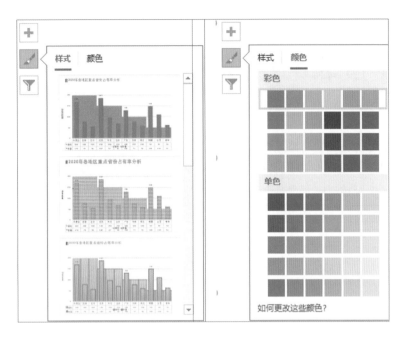

单击"图表筛选器"按钮，在列表中可以对图表系列和类别的数值以及名称进行设置，如下图所示。

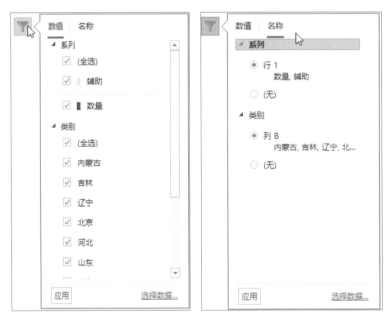

2. 绘图区

绘图区是指图表区内的图形表示的区域，包括数据系列、刻度线标志和横纵坐标轴等。图表的绘图区主要显示数据表中的数据，将数据转换为图表的区域，绘图区的数据可以根据数据表中数据的更新而更新。

3. 图例

图例是由图例项和图例项标志组成，主要是标识图表中数据系列以及分类指定颜色或图案。用户可以根据需要将其放在右侧、左侧、顶部或底部。

4. 数据系列

数据系列是在图表中绘制的相关数据点，这些数据源来自数据表的行或列。图表中的数据系列是源数据的体现，源数据越大，对应的数据系列也越大。数据系列具有唯一的颜色或图案并且在图像中体现。图表的类型不同数据系列的数量也不同，如饼图只有一个数据系列。

5. 纵和横坐标轴

坐标轴是界定图表绘图区的线条，用作度量的参照框架。纵坐标轴包含数据，横坐标轴包含分类。坐标轴按位置不同可以分为主坐标轴和次坐标轴两类。在绘图区的左侧和下方的坐标轴为主坐标轴，在右侧和下方的坐标轴为次坐标轴。

6. 模拟数据表

模拟数据表显示图表中所有数据系列的源数据。对于设置了模拟运算表的图表，模拟运算表将固定显示在绘图区下方。

7. 图表和坐标轴标题

图表的标题一般位于图表的上方，起到说明的作用。在图表中也可以添加文本框对图表进一步说明。

坐标轴标题包括纵坐标轴标题、横坐标轴标题、次要纵坐标轴标题和次要横坐标轴标题。图表中设置了次要坐标轴才可以添加次要的纵或横坐标轴标题。

3

第　　　章

图表的配色

　　图表是将数据以图形化的形式传递信息，所以图表的外观
形象也是至关重要的。一份好看的图表，可以吸引人们的眼
球，提高观赏性。图表的好看与否最直观的就是图表配色是否
合理。

　　本章先介绍基本色彩理论，了解色彩的三要素和三原色
等，然后介绍图表的配色，最后介绍在Excel中如何设置颜色。

基本色彩理论

选择合适的图表类型固然很重要，但是使用颜色让图表更加美观也很重要。问世间有谁会拒绝美的东西呢?

首先我们查看普通的图表和配色后图表的效果。

下左图为单系列柱形图和折线图的普通效果。下右图为修改配色后的效果。

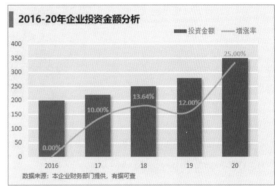

下左图为折线图的普通效果。下右图为修改配色后的效果。

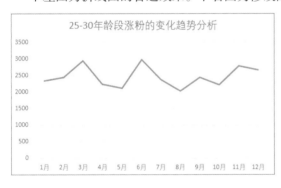
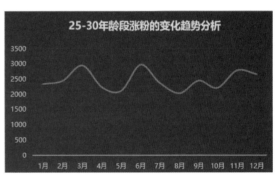

从以上两组图表可以清晰地发现哪种图表更能吸引观者。专业的图表不但可以准确地表达数据，还要有一定的美感。接下来先介绍色彩搭配的原理。

3.1.1 色彩的三要素

色彩三要素是色彩可用的色调（色相）、饱和度（纯度）和明度来描述。人眼看到的任何彩色的光都是这三个特性的综合效果，这三个特性即是色彩的三要素，其中色调与光波的波长有直接关系，明度和饱和度与光波的幅度有关。

1. 色相

色彩是由于物体上的物理性的光反射到人眼视神经上所产生的感觉。色相是色彩所呈现的质的面貌，是色彩彼此之间相互区别的标志。

色的不同是由光的波长的长短差异所决定的，色相指的是这些不同波长的色的情况，其中波长最长的是红色，最短的是紫色。把红、橙、黄、绿、蓝、紫和处在它们各自之间的红橙、黄橙、黄绿、蓝绿、蓝紫、红紫这6种中间色共计12种色作为色相环，如下图所示。

在色相环上排列的色是纯度高的色，被称为纯色，这些色在环上的位置是根据视觉和感觉的相等间隔来进行安排的。

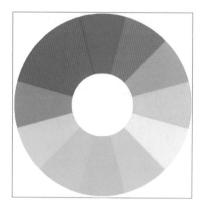

2. 明度

表示色所具有的亮度和暗度被称为明度。通常用反光率表示明度大小，反光率高，则明度高；反之相反。黄色明度最高，橙、绿次之，红、蓝、紫为最暗，同一色相会因为受光强弱的不同而产生不同的明度。

计算明度的基准是灰度测试卡，黑色为0，白色为10，在0~10之间等间隔的排列为9个阶段。色彩可以分为有彩色和无彩色，后者仍然存在着明度，作为有彩色，每种色各自的亮度、暗度在灰度测试卡上都具有相应的位置值。彩度高的色对明度有很大的影响，不太容易辨别。在明亮的地方鉴别色的明度比较容易的，在暗的地方就难以鉴别。下图为各种颜色的亮度。

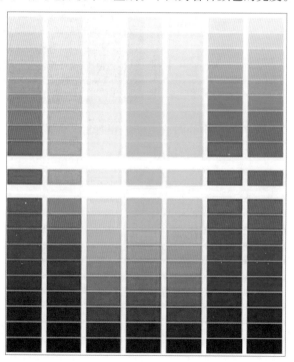

3. 饱和度

饱和度是指色彩的鲜艳程度，也称色彩的纯度。饱和度取决于该色中含色成分和消色成分（灰色）的比例。含色成分越大，饱和度越大；消色成分越大，饱和度越小。

在Excel中选中图表在"绘图工具–格式"选项卡的"形状样式"选项组中单击"形状填充"下三角按钮，在列表中选择"其他填充颜色"选项，打开"颜色"对话框。在"自定义"选项卡的"颜色"区域中水平方向可以调整色相，垂直方向可以调整饱和度；右侧垂直颜色条上下可调整亮度，如右图所示。

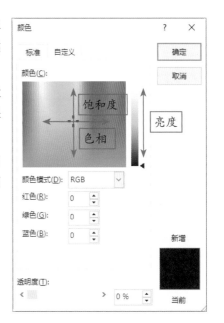

3.1.2 三原色

三原色指色彩中不能再分解的三种基本颜色。三原色通常分为两类，一类是光学三原色，即红、绿、蓝，光学三原色混合后，组成显示屏显示颜色，三原色同时相加为白色，白色属于无色系（黑白灰）中的一种。另一类是颜料三原色，即品红、黄、青(天蓝)，色彩三原色可以混合出所有颜料的颜色，同时相加为黑色，黑白灰属于无色系。下左图为光学三原色，下右图为颜料三原色。

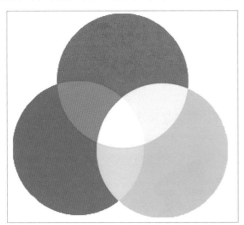
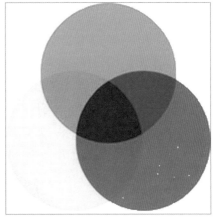

3.1.3 单色、类似色和互补色

单色是一种由暗、中、明3种色调组成的。单色的搭配没有形成颜色的层次，只形成了明暗的层次。在制作图表时，经常使用同色不同明度的颜色进行搭配，效果是不会出错的。下图为在色环上展示蓝色的效果。

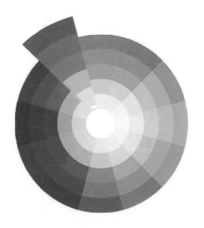

　　类似色在色轮上90度角内相邻的色统称为类似色，例如红-红橙-橙、黄-黄绿-绿、青-青紫-紫等均为类似色。类似色由于色相对比不强，色彩较为相近，所以它们不会互相冲突。色环上展示类似色的效果，如下图所示。

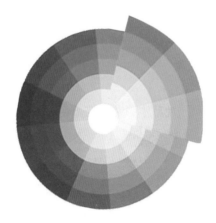

　　这种颜色搭配产生一种令人悦目、低对比度的和谐美感。在图表中使用类似色能产生协调、平和的效果，但是要注意为了色彩的平衡，要使用相同饱和度的不同颜色。

　　互补色在色环上角度为180度对应的两种颜色为互补色。色彩中的互补色有红色与青色互补，蓝色与黄色互补，绿色与品红色互补。使用互补色时，会引起强烈对比的色觉，会感到红的更红、绿的更绿。色环上展示互补色的效果，如下图所示。

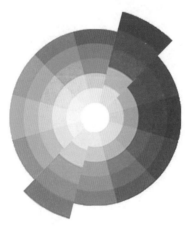

3.2 图表的配色方案

颜色决定了对象的视觉效果，不同的色彩会带给人不同的视觉体验，直接影响人们对信息的接受程度。我们学习了颜色的基本原理后，需要将其应用到图表中。本节介绍几种常用的图表配色方法。

3.2.1 单色搭配

当我们绞尽脑汁为制作的图表应用多种颜色时，不妨试试单色搭配。单色搭配是在图表中使用同一种颜色，如果感觉背景为白色比较枯燥时，可以使用同色系的明度较高的浅色作为图表的背景。下面以蓝色为例介绍柱形图的效果，数据系列填充深蓝色，背景为浅蓝色，如下图所示。

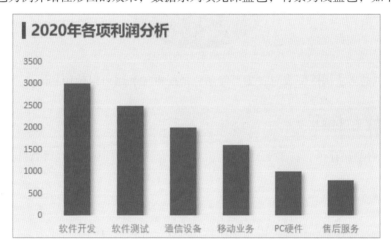

除了使用单一颜色中一种颜色外，还可以使用同色系中不同明暗的颜色进行组合，主要通过明暗度不同体现数据的大小。例如，在饼图中使用蓝色色系，其中亮度比较暗的表示数据大，反之表示数据小，如下图所示。

3.2.2 类似色搭配

类似色是在色环上任选一种颜色两侧的颜色即为类似色，也就是在十二色相环上90度包括的颜色。类似色由于色相对比较柔和，给人以平静、调和的感觉，在配色中较为常用。下面以饼图为例为4个扇区填充分别填充深绿–绿–金黄色，效果如下图所示。

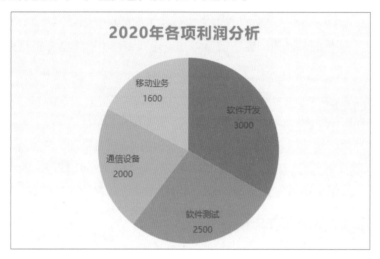

在使用类似色的方法搭配图表时，为了使颜色搭配更加和谐可以使用相同亮度的类似色。

3.2.3 对比色搭配

在3.1节中介绍的互补色，它是对比色搭配的一种，除此之外还包括色相对比、亮度对比和消色对比等。

1. 色相对比

色相对比是通过多种颜色组合，由于色相差别从而形成色彩鲜明的对比效果。色相对比强弱程度取决于色相之间在色相环上的距离（角度），距离（角度）越小对比越弱，反之则对比越强。

在色环上深红–深青–黄色之间间隔的角度为90度，通过柱形图展示三种颜色之间强烈的对比，效果如下图所示。

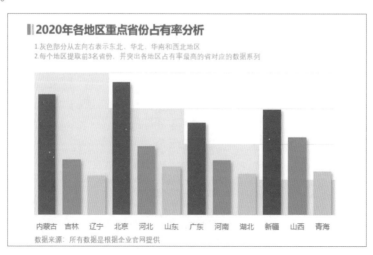

2. 亮度对比

亮度对比是指色彩的明暗程度的对比。物体表面的明度受到其不同背景的明度影响，使个体产生不同主观的明度感受的现象。在通过亮度对比时，突出明暗部分与背景有关，下左图背景为浅色，突出暗部分。下右图背景为深色，突出亮部分。

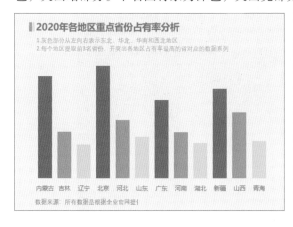 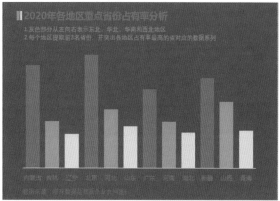

在背景为浅色时，亮度高数据系列的明度变暗，亮度低的变明亮了；在背景为深色时，亮度高的数据系列更亮了，亮度低的更低了。这是人们视觉上的一种错觉。

3. 消色对比

消色就是指黑白灰三种颜色，黑白灰的物体对光源的光谱成分不是有选择地吸收和反射而是等量吸收和等量反射各种光谱成分，这时物体看上去没有了色彩。对各种光谱成分全部吸收的表面，看上去是黑色，等量吸收一部分等量反射一部分的表面看上去是灰色，反射绝大部分而吸收极小部分看上去是白色。

例如，在柱形图中使用消色对比，背景颜色为白色，目标值的数据系列为灰色，实际值的数据系列为黑色，如下图所示。

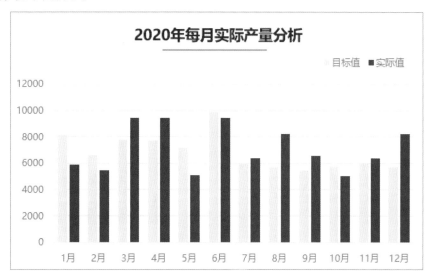

在图表使用消色对比时一定要注意，不要大量使用，因为会给人产一种单调感，让观者提不起精神。消色和任何色彩搭配在一起，都显得和谐，在制作图表时可以作为背景使用。下图背景为黑色图表的效果。

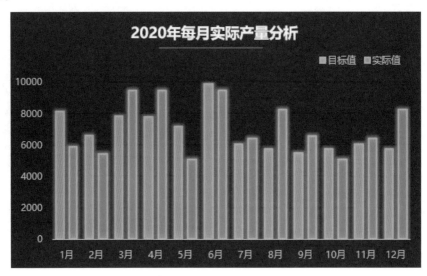

黑白灰配色让颜色关注度下降，突出了数据，让数据更有可读性。观者在观看时会将精力放在数据和数据系列上。

4. 互补色对比

在色相环中色相距离为180度，是色相中最强的对比关系，是色相对比的归宿，为极端对比类型，如红与蓝绿、黄与蓝紫色等。由于互补色有强烈的分离性，所以互补色对比相较于对比色形成的对比要更完整、更充实、更富有刺激性。在图表中当数据对比需要强烈时可以使用互补色。

例如，对目标值和实际值进行比较，通过红绿互补色进行配色，下左图为折图效果，下右图为柱形图所示。

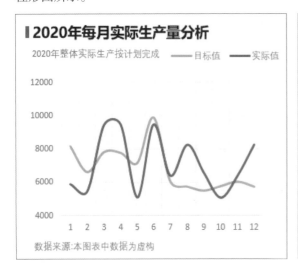
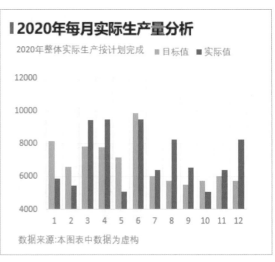

3.3 在Excel中设置颜色

扫码看视频

在Excel中创建图表，默认的颜色一般都不符合需求，所以我们还需要为图表中不同的元素填充颜色。本节将介绍设置Excel的主题色和自定义颜色。

3.3.1 设置Excel默认配色

设置Excel默认配色也就是设置Excel的主题色，在Excel中提供20多种主题配色方案，每套主题色又包含12种颜色搭配。当我们对配色不了解时，可以通过主题色解决相关问题。

打开Excel应用程序，切换至"页面布局"选项卡，单击"主题"选项组中"颜色"下三角按钮，在列表中显示Excel所有主题色，如下左图所示。选择"自定义颜色"选项，在打开的"新建主题颜色"对话框中设置颜色，如下右图所示。

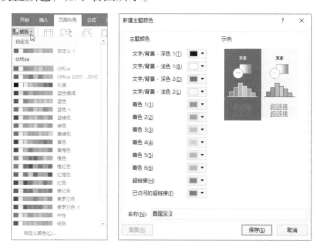

在Excel中默认的主题色是Office，当选择需要设置的图表元素时，如图表区，切换至"图表工具–格式"选项卡中单击"形状样式"选项组中"形状填充"下三角按钮，在列表中显示主题色的颜色，如下左图所示。单击"图表工具–设计"选项卡中"更改颜色"下三角按钮，列表中颜色如下右图所示。

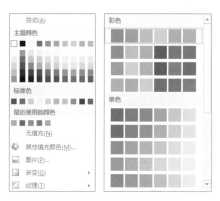

如果在"颜色"列表中设置主题色为"蓝绿色"后，"形状填充"列表中颜色如下左图所示。"更改颜色"列表中颜色如下右图所示。

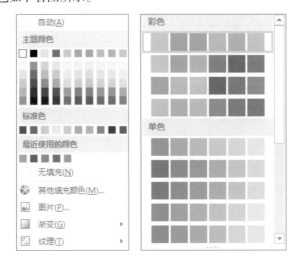

　　当更换主题颜色，所有应用填充颜色或字体的颜色都会自动更换成新主题色对应的颜色。例如，通过面积图展示2020年1月份每天成本和利益的数据，效果如下图所示。

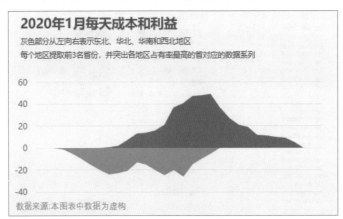

　　在"颜色"列表中设置主题色为"绿色"，则图表效果如下左图所示。更改主题色为"黄色"时，图表的效果如下右图所示。

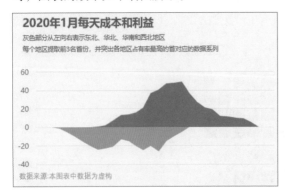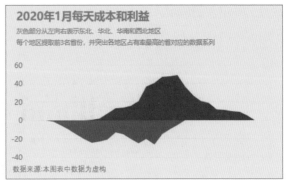

　　应用不同的主题色可以设置不同风格的图表，但是如果对某元素的颜色不是很满意，还可以通过下一节内容进行逐个调整。

3.3.2 修改Excel颜色

在Excel中可以为图表中图表区、绘图区、数据系列、扇区等元素填充颜色，我们可以选择标准的颜色也可以自定义颜色。

在Excel中单击"填充颜色"下三角按钮，在列表中包括"主题颜色""标准色""最近使用颜色"，如下左图所示。"主题颜色"就是通过颜色主题类型来控制和改变的；"最近使用的颜色"主要显示最近使用的10种颜色。

如果在列表中选择"其他填充颜色"选项，则打开"颜色"对话框，并显示"标准"选项卡中预设的颜色，如下中图所示。该选项卡中的颜色，我们很少使用。

切换至"自定义"选项卡，我们可以通过两种颜色模式修改颜色，如下右图所示。

  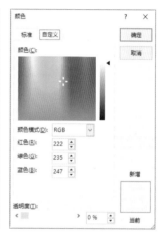

1. RGB颜色模式

RGB颜色模式是通过对红（Red）、绿（Green）、蓝（Blue）三个颜色通道的变化以及它们相互之间的叠加来得到各式各样的颜色，RGB即代表红、绿、蓝三个通道的颜色。

2. HSL颜色模式

HSL是一种将RGB色彩模型中的点在圆柱坐标系中的表示法。其中，H表示色相，S表示饱和度，L表示亮度。

3.3.3 巧取他山之"色"

当Excel中内置的颜色不能满足我们的需求时，可以借鉴其他图表的颜色。从上一节中可知通过RGB或HSL颜色模式的值可以确定颜色，那么Excel中无法显示借鉴图表中的颜色的值，那该怎么办呢？

我们可以使用Office组件中PowerPoint应用程序中"取色器"功能确定颜色的RGB的值，然后通地Excel中"颜色"对话框输入获取的值即可借鉴颜色了。下左图为需要借鉴的图表，下右图为配色之前的图表。

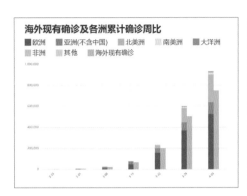

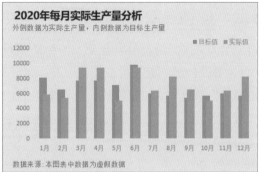

现在需要将左侧图表中红色和浅蓝色作为右侧图表中的数据系列填充颜色，下面介绍具体操作方法。

Step 01 打开PowerPoint应用程序，插入借鉴的图片，切换至"图表工具-格式"选项卡，单击"图片样式"选项组中"图片边框"下三按钮❶，在列表中选择"取色器"选项❷，如下左图所示。

Step 02 此时光标变为吸管形状，在右上角显示正方形，显示吸管吸取的颜色。移到图片的红色区，在光标右侧显示RGB的值和颜色，记录吸取颜色的RGB的值，从左向右分为为R、G、B的数值，如下右图所示。

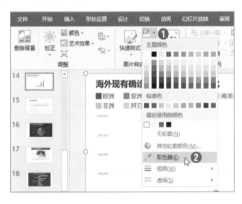

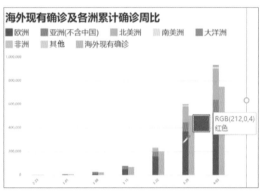

Step 03 返回Excel中，选择图表需要填充红色的数据系列，单击"图表工具-格式"选项卡中"形状填充"下三角按钮，在列表中选择"其他填充颜色"选项，在打开的"颜色"对话框中输入记录的RGB值❶，单击"确定"按钮❷，即可完成填充，如下左图所示。

Step 04 根据相同的方法吸取浅蓝色并填充Excel图表中另一个数据系列，最终结果如下右图所示。

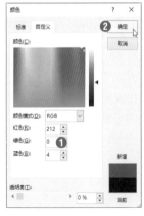

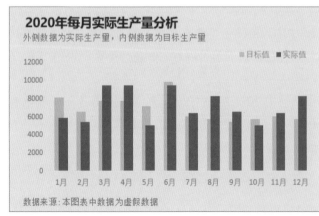

4

第1章
第2章
第3章
第4章
第5章
第6章
第7章
第8章
第9章
第10章

第 4 章

绘制和编辑图表

图表可以将工作表中的数据以图形的方式表现出来，并直观、形象地展示给观者，从而更好地分析数据。当然在使用图表之前，必须先熟悉图表的绘制和编辑操作，例如更改图表类型、编辑图表数据等。

本章主要介绍图表的绘制和编辑操作，首先介绍3种创建图表的方法，接着介绍图表的基本操作，如调整图表大小、复制和删除图表等；其次介绍更改图表类型、编辑图表中数据以及设置次坐标轴；最后介绍图表的输出和打印。

4.1 图表的绘制

扫码看视频

在Excel中可以通过推荐的图表和功能区相关按钮创建图表。数据是创建图表的基础和依据，所以创建图表前先选择数据，用户可以根据需要选择连续的或不连续的数据。下面介绍创建图表的常用方法。

1. 使用推荐的图表

Excel会根据选择数据结构的不同推荐合适的图表类型，并且用户可以提前预览其效果。下面介绍具体操作方法。

Step 01 打开"2020年实际产量统计表.xlsx"工作簿，将光标定位在表格的任意单元格中❶，切换至"插入"选项卡❷，单击"图表"选项组中"推荐的图表"按钮❸，如下图所示。

Step 02 打开"插入图表"对话框，在"推荐的图表"选项卡中显示Excel系统推荐的图表并应用表格中的数据，选择柱形图类型❶，则在右侧显示图表效果，单击"确定"按钮❷，如下图所示。

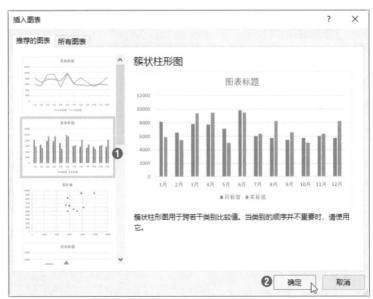

Step 03 即可在工作表中创建簇状柱形图，图表以嵌入式方式在工作表中，如下图所示。

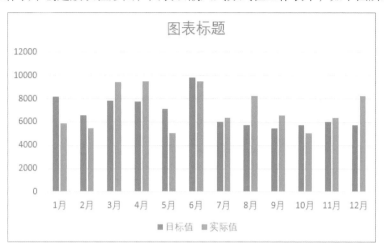

Tips

提示 | 图表的显示方式

在Excel中，图表有两种显示方式，一种是嵌入式，图表显示在数据工作表中；另一种是图表工作表，它是独立的工作表，只能显示图表不能输入数据。

2. 使用图表向导

在"插入图表"对话框中推荐的图表都不合适时，可以在"所有图表"选项卡中根据向导创建图表。下面介绍具体操作方法。

Step 01 选择A1:A5单元格区域❶，按住Ctrl键再选择C1:C5单元格区域❷，单击"插入"选项卡中"推荐的图表"按钮，或者单击"图表"选项组中对话框启动器按钮❸，如下左图所示。

Step 02 打开"插入图表"对话框，切换至"所有图表"选项卡❶，在左侧选择"饼图"选项❷，在右侧选择合适的子类型，如"饼图"❸，单击"确定"按钮❹，如下右图所示。

Step 03 即可在工作表中创建选中的饼图，饼图中包含标题、扇区和图例，如下图所示。

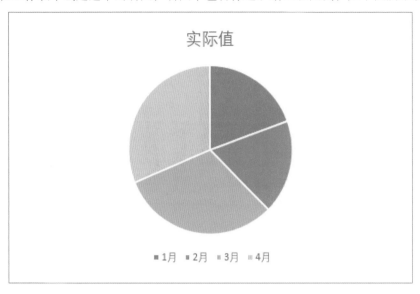

Tips

提示 | 创建图表的快捷方式

在Excel中选择数据区域后，按Alt+F1组合键，即可在工作表中创建嵌入式图表；按F11功能键，可生成一个图表工作表。

3. 在功能区创建图表

在Excel功能区包含几种常用的图表类型，用户如果明确要创建某种图表类型时可以直接在功能区创建。

例如，需要为数据创建条形图，将光标定位在数据区域内❶，单击"插入"选项卡中"插入柱形图或条形图"下三角按钮❷，在列表中显示所有子类型，然后选择合适的条形图即可，如下图所示。

4.2 图表的基本操作

扫码看视频

图表创建完成后，均为默认的样式，用户可以根据需要对其进行编辑操作，如更改图表大小、移动图表、图表的复制或删除以及在图表上显示单元格的内容等操作。

4.2.1 调整图表的大小

用户可以根据效果调整图表的大小，即设置图表的长度和宽度。调整图表的大小可分手动调整和精确调整两种方法。下面介绍具体操作方法。

1. 手动调整图表大小

选中图表，此时图表四周出8个控制点，如果拖曳边上的控制点可以调整图表的高度或宽度，如下左图所示。如果调整角控制点可以任意调整图表的高度和宽度，如下右图所示。

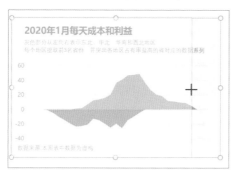 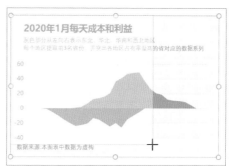

在拖曳角控制点时，如果按住Shift键，可以按照图表纵横比缩小或放大图表，如下左图所示。如果按Ctrl键则会以图表的中心为基准点向四周调整大小，如下右图所示。

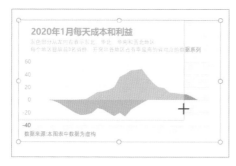 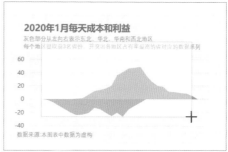

如果按Ctrl+Shift组合键，拖曳角控制点，则图表以中心为基准点等比例放大或缩小。

2. 精确调整图表大小

选中图表，切换至"图表工具-格式"选项卡，在"大小"选项组中分别在"高度"和"宽度"的文本框中输入精确的数值，默认情况下单位是厘米。

除此之外，用户还可以右击图表，在快捷菜单中选择"设置图表区格式"命令，打开"设置图表区格式"导航窗格，在"大小与属性"选项卡的"大小"选项区域中设置高度和宽度的值，如下图所示。

如果勾选"锁定纵横比"复选框，则设置高度或宽度时会按照纵横比调整宽度或高度的值。

在Excel中如果调整表格的行高或列宽，图表的高度和宽度会随之改变，从而影响图表的展示效果。用户可以在"设置图表区格式"导航窗格中设置，在"大小和属性"选项卡中展开"属性"区域，选中"不随单元格改变位置和大小"单选按钮即可，如下图所示。用户也可以选择"随单元格改变位置，但不改变大小"单选按钮。

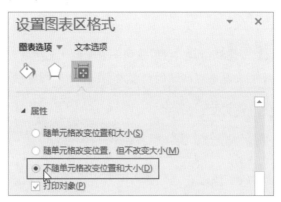

4.2.2 复制和删除图表

在对图表的操作中经常需要复制和删除图表，下面介绍复制和删除图表的方法。

1.复制图表

选中图表，单击"开始"选项卡中的"剪贴板"选项组中"复制"按钮❶，或者按"Ctrl+C"组合键。再选择目标位置单元格，单击"剪贴板"选项组中"粘贴"按钮❷，或者按"Ctrl+V"组合键，即可完成复制图表，如下图所示。

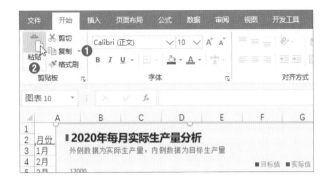

用户也可以通过按Ctrl键快速复制图表，选中图表并拖动，同时按住Ctrl键，此时在光标右上角出现十字形状。拖到合适的位置释放鼠标左键和Ctrl键即可完成复制图表，如下图所示。在拖曳的过程中如果不按住Ctrl键，则会移动图表。

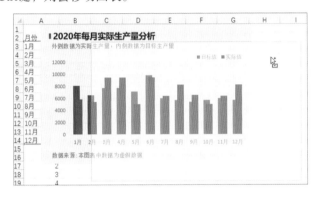

2. 删除图表

如果不需要创建的图表，则选中该图表按键盘上的Delete键，即可删除嵌入的图表。随即按"Ctrl+Z"组合键可以撤回删除图表的操作。

用户也可以右击图表，在快捷菜单中选择"剪切"命令，即可删除图表。

4.2.3 将图表转换为图片或图形

创建好图表后，可以将其转换为图片或图形以备不同情况下使用，下面介绍具体操作方法。

1. 将图表转换为图片

打开"将图表转换为图片或形状.xlsx"工作簿，选择图表按"Ctrl+C"组合键复制图表。选择需要粘贴的位置并右击，在快捷菜单的"粘贴选项"选项区域中选择"图片"命令即可。然后在功能区中显示"图片工具"选项卡，说明将图表已经转换为图片，如下图所示。

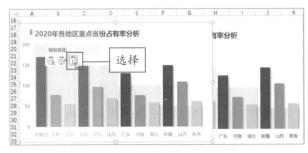

2. 将图表转换为形状

选中图表并复制，然后选择需要放置的位置并右击，在快捷菜单中选择"选择性粘贴"命令。打开"选择性粘贴"对话框，在"方式"列表框中选择"图片（增强型图元文件）"选项❶，单击"确定"按钮❷，如下图所示。

选中粘贴的图表并右击❶，在快捷菜单中选择"组合>取消组合"命令❷，如下左图所示。

在弹出的对话框中单击"是"按钮。根据需要继续取消组合，即可将图表转换为形状，在功能区显示"绘图工具"选项卡，如下右图所示。

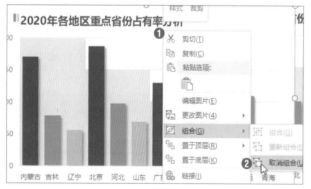
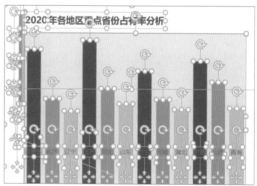

4.2.4 在图表中显示单元格的内容

用户可以在图表上显示指定单元格的内容，这需要通文本框来实现。例如在图表中标注纵坐标轴刻度的单位，下面介绍具体操作方法。

Step 01 打开"最近10年企业投资与收益对比.xlsx"工作簿，切换至"插入"选项卡❶，单击"文本"选项组中"文本框"下三角按钮❷，在列表中选择"绘制横排文本框"选项❸，如下左图所示。

Step 02 在图表的纵坐标轴上方绘制文本框，然后在工作表的编辑栏中输入"="等号，接着选择D1单元格，此时在等号右侧显示"$D$1"，按Enter键即可在文本框中显示D1单元格中文本，如下右图所示。

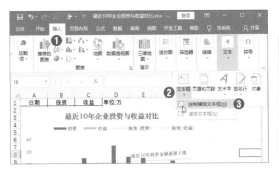
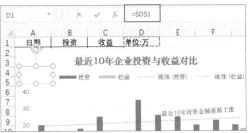

Step 03 选中文本框❶，切换至"绘图工具-格式"选项卡❷，单击"插入形状"选项组中"编辑形状"下三角按钮❸，在列表中选择"更改形状"选项，在子列表中选择合适的形状❹，如下图所示。

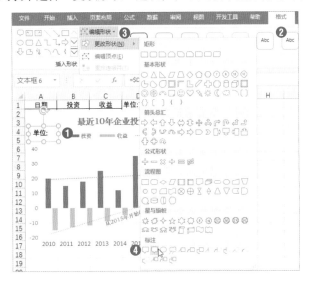

Step 04 选中文本框，在"开始"选项卡的"字体"选项组中设置字体格式，在"绘图工具-格式"选项卡的"形状样式"选项组中设置形状填充和形状轮廓，效果如下图所示。

Tips

提示 | 文本框与单元格的关系

通过上述方法在文本框显示D1单元格中文本，它们之间是链接关系，如果D1单元格中文本发生变化，则文本框中会随之变化。如果不希望文本框中文本变化，可以直接在文本框中输入文本即可。

4.3 更改图表或某数据系列的类型

扫码看视频

创建图表后，用户可以更改整个图表的类型以赋予完全不同的外观，也可以为任意单个数据系列更改图表类型，这样图表就变为组合图表了。

4.3.1 更改图表的类型

如果创建的图表不能直观地表达工作表中的数据，可以更改图表的类型，下面介绍具体操作方法。

Step 01 打开"行业评价指数分析.xlsx"工作簿，选中柱形图表❶，切换至"图表工具-设计"选项卡❷，单击"类型"选项组中"更改图表类型"按钮❸，如下图所示。

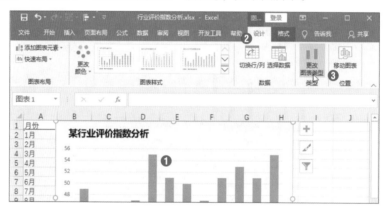

Step 02 打开"更改图表类型"对话框，在"所有图表"选项卡❶左侧选择更改为的图表类型，此处选择"折线图"❷，在右侧选择子类型❸，单击"确定"按钮❹，如下左图所示。

Step 03 即可将柱形图更改为折线图，可见更有利于比较全年指数的变化情况，如下右图所示。

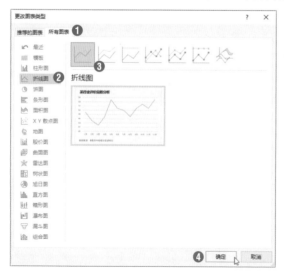

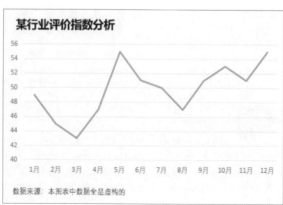

Tips

提示 | 快捷菜单更改图表类型

除了在功能区单击"更改图表类型"按钮外，用户也可以通过快捷菜单更改。选中图表并右击，在快捷菜单中选择
"更改图表类型"命令，如下图所示。即可打开"更改图表类型"对话框，然后更改类型即可。

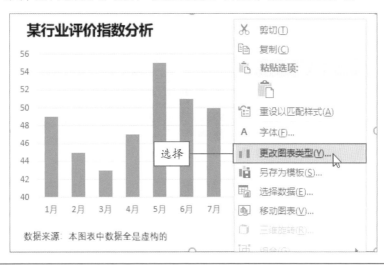

4.3.2 更改某数据系列的类型

在Excel中如果更改某个数据系列的类型，可以通过"组合图"来完成，下面介绍具体操作方法。

Step 01 打开"行业评价指数分析.xlsx"工作簿，选择图表中任意数据系列并右击，在快捷菜单中
选择"更改系列图表类型"命令，如下图所示。

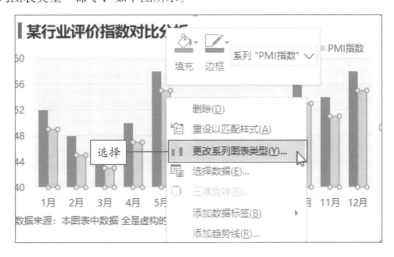

Step 02 打开"更改图表类型"对话框，在"所有图表"选项卡的左侧自动选中"组合图"选项，
在右侧"为您的数据系列选择图表类型和轴"列表区域中设置"PMI指数"的图表类型为"折线
图"❶，单击"确定"按钮❷，在上方可以预览效果，如下图所示。

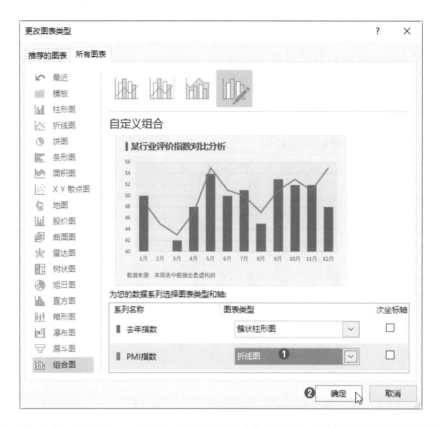

Step 03 返回工作表中，可见"PMI指数"的柱形图更改为折线图，用户可以设置折线的颜色、宽度等，效果如下图所示。

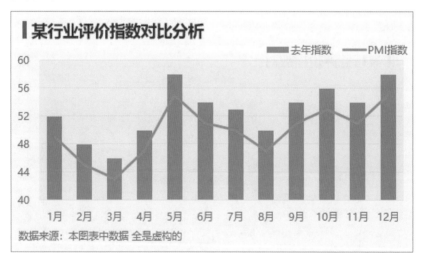

Tips

提示 | 通过"更改图表类型"设置组合图

用户可以通过4.3.1节中更改图表类型的方法打开"更改图表类型"对话框，在左侧选择"组合图"选项，然后在右侧设置数据系列的类型。更改数据系列的类型前提是图表中包含两组或多组数据系列。在以后章节中设置次坐标轴也可以在"更改图表类型"对话框中设置。

4.4 编辑图表中的数据

扫码看视频

图表是数据的形象化,图表的基础是数据,那么创建图表后如何编辑数据呢?例如,向图表中添加数据、修改数据或者删除相关数据。如果要编辑图表中的数据,必须编辑图表的源数据。

4.4.1 向图表中添加数据

图表只是展示数据的工具,用户无法直接在图表中添加数据,只能通过修改工作表中的数据区域来向图表中添加数据。在Ecxel中可以通过两种方法修改图表的数据区域,其一是通过"选择数据源"对话框,其二直拖曳控点,下面分别详细介绍两种方法的具体操作。

例如,统计某行业每月的PMI指数后,制作柱形图展示相关数据。为了更好地比较指数是否达到平均值,现在需要添加平均指数。

1. 使用"选择数据"功能

Step 01 打开"行业评价指数分析.xlsx"工作簿,在"指数分析"工作表中的数据区域右侧的C列添加"平均指数"列,使用AVERAGE函数计算全年的平均指数并向下填充,如下图所示。

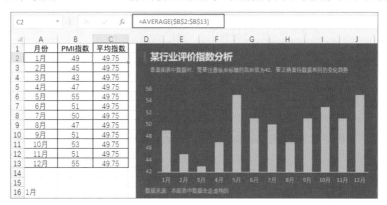

> **Tips**
>
> **提示 | AVERAGE函数的含义**
>
> --
>
> AVERAGE函数返回参数的平均值。
> 表达式:AVERAGE(number1,number2, ...)
> Number1,number2, ...表示需要计算平均值的参数,数量最多为255个,该参数可以是数字、数组、单元格的引用或包含数值的名称。

Step 02 选中图表,切换至"图表工具–设计"选项卡❶,单击"数据"选项组中"选择数据"按钮❷,如右图所示。

Step 03 打开"选择数据源"对话框，单击"图表数据区域"右侧折叠按钮，在工作表中选择A1:C13单元格区域，再次单击折叠按钮返回"选择数据源"对话框。在"图例项"选项区域中显示"平均指数"系列，说明添加数据成功，单击"确定"按钮，如右图所示。

Tips

提示 | 通过快捷菜单选择数据

用户也可以右击图表，在快捷菜单中选择"选择数据"命令，在打开的"选择数据源"对话框中设置。

Step 04 返回工作表中，可见图表中添加橙色的数据系列，在图例中显示添加的数据"平均指数"，如下左图所示。

Step 05 这样不能直观地比较指数是否高于平均指数，然后将"平均指数"数据系列的类型更改为折线图，效果如下右图所示。

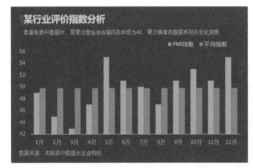

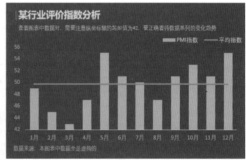

Tips

提示 | 添加数据系列

在"选择数据源"对话框中单击"添加"按钮，打开"编辑数据系列"对话框，在"系列名称"文本框中输入名称或者引用工作表中单元格的内容。"系列值"为数据系列的数值，单击"确定"按钮即可在图表添加该数据系列，如右图所示。

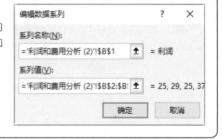

2. 拖动源数据的控制点

在Excel中选中图表后，在数据区域显示图表中数据的范围，用户可以通过调整数据范围更改图表的数据区域。将数据右下角控制点向右拖曳选择"平均指数"列的数据，释放鼠标后图表中即可添加"平均指数"数据系列，如下图所示。

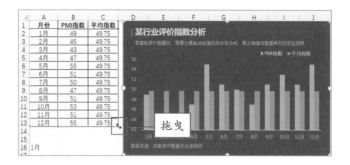

4.4.2 删除图表中的数据

删除图表中的数据和添加数据的操作方法类似，只是在选择数据时取消选择要删除的数据即可，此方法不再赘述。

用户还可以通过"图表筛选器"功能在图表中只显示需要查看的数据，将其他数据隐藏起来。

例如，在行业评价指数分析图表中，不需要显示"去年指数"数据系列，同时只显示双月份的数据，下面介绍具体操作方法。

Step 01 选中图表❶，单击右侧"图表筛选器"按钮❷，在打开列表中切换到"数值"选项卡❸，在"系列"选项区域取消勾选"去年指数"复选框❹，单击"应用"按钮❺，如下图所示。

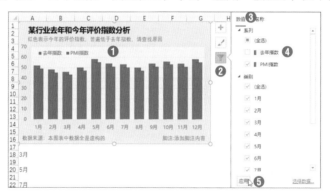

Step 02 返回工作表中可见图表中只包含"PMI指数"数据系列，"去年指数"的数据系列被隐藏起来了，如下左图所示。

Step 03 再次单击"图表筛选器"按钮，在"类别"选项区域中取消勾选单月的复选框，单击"应用"按钮，如下右图所示。

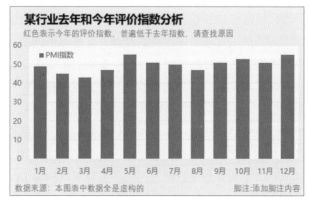

Tips

提示｜还原数据

如果要将隐藏的数据还原，再次单击"图表筛选器"按钮，在列表中勾选相关复选框，单击"应用"的按钮即可。

Step 04 操作完成后，可见图表中只显示双月的数据系列，如下图所示。

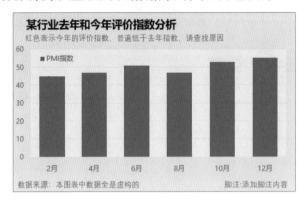

Tips

提示｜在"选择数据源"对话框中筛选数据

用户也可以通过"选择数据源"对话框筛选数据。在"图例项"选项区域中设置数据系列，在"水平轴标签"选项区域设置显示的类别，取消勾选相应的复选框后，单击"确定"按钮即可，如下图所示。

4.4.3 修改图表中的数据

图表和数据区域是链接的关系，当数据区域中的数值发生变化时，图表也会随之变化。数值变化会影响图表中数据系列的变化，类别名称的变化会影响图例的变化，此处不再演示。

本节主要介绍如何自定义图表中的图例和横坐标轴。如果数据中类别名称很短无法表达清楚含义，可以自定义图例，而不需要更改数据区域内容。在图表的横坐标轴表示年份时，一般是标明年份的数值不需要"年"，而且之后数据系列只显示后两位，例如"2016、17、18、19、20"。

在设置横坐标轴时，可直接修改数据区域的年份就行了。在创建图表时，很多用户都遇到过第一列是数值，则创建的图表是将其作为数据系列的而非横坐标轴的。此时，还需要通过"选择数据源"对话框逐个设置图例项和水平轴坐标。下面介绍通过修改图表中的数据制作要求的图表。

Step 01 打开"企业最近5年投资统计表.xlsx"工作簿，在A8:A12单元格区域输入横坐标轴的数据，如下图所示。

Step 02 右击图表，在快捷菜单中选择"选择数据"命令，打开"选择数据源"对话框，在"图例项"选项区域中选中"投资金额"选项❶，单击"编辑"按钮❷，如下左图所示。

Step 03 打开"编辑数据系列"对话框，在"系列名称"文本框中输入"年投资金额（万）"文本❶，单击"确定"按钮❷，如下右图所示。

Step 04 根据相同的方法更改"增涨率"图例为"年投资增涨率"，修改后查看图表时图例的信息就比较准确了，如下左图所示。

Step 05 再次打开"选择数据源"对话框，单击"水平(分类)轴标签"选项区域中"编辑"按钮，打开"轴标签"对话框，单击"轴标签区域"折叠按钮❶，在工作表中选择A8:A12单元格区域❷，单击"确定"按钮❸，如下右图所示。

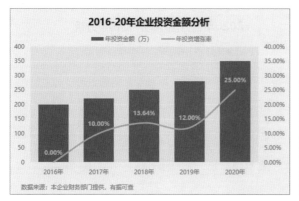

Step 06 返回上级对话框单击"确定"按钮，可见图表的横坐标轴发生了变化，效果如下图所示。

4.4.4 切换图表中行/列的数据

数据表是由行和列组成的，创建图表时，默认是第1列作为图表的横坐标轴，第1行为数据系列名称。我们可以切换行/列的数据从不同角度去分析数据，下面介绍具体操作方法。

Step 01 打开"2020年各分店销量统计表.xlsx"工作簿，创建柱形图，则图表中显示各分店不同产品的销量比较，如下图所示。

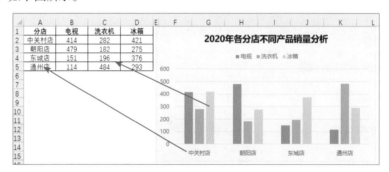

Step 02 选中图表❶，切换至"图表工具-设计"选项卡❷，单击"数据"选项组❸中"切换行/列"按钮❹，如下左图所示。

Step 03 可见图表的横坐标轴为产品名称，数据系列为各分店名称，此时可以对比各产品不同分店的销量，如下右图所示。

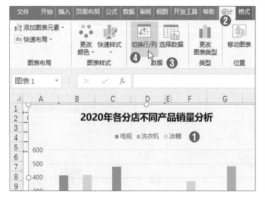
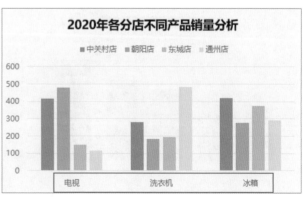

 **巧妙使用次坐标轴**

　　当图表中两组类别的数据差距很大，无法在同一个坐标轴上体现时，或者需要比较两组数据的大小时，次坐标轴就显得得尤为重要，它能更加清晰直观地显示和比较数据。但是使用次要坐标轴还是要注意几点问题的，否则不能正确地表达两组数据。

4.5.1　比较两组数据的大小

　　使用图表展示数据时经常需要比较两组数据的大小，例如，销售1组和销售2组同期销量对比、不同时期生产量的对比等。此时如果使用次坐标轴，可非常直观地比较两组数据。

　　例如，某工厂统计2020年每个月的实际生产量和目标生产量的数据，现在需要对比两数据，下面介绍具体操作方法。

Step 01 根据统计的数据创建柱形图，红色表示实际生产量、蓝色表示目标生产量，如下图所示。

Step 02 选择"实际值"数据系列并右击，在快捷菜单中选择"设置数据系列格式"命令，在打开的导航窗格中，切换至"系列选项"选项卡，选中"次坐标轴"单选按钮，如下左图所示。

Step 03 此时两个数据系列完全重合在一起，在图表的右侧显示次坐标轴，如下右图所示。

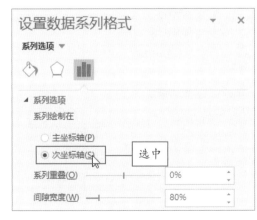

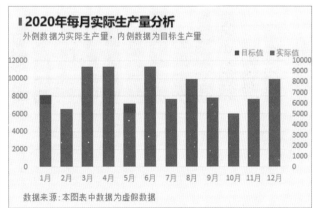

第**4**章

`Step 04` 选择次要纵坐标轴，并打开"设置坐标轴格式"导航窗格❶，在"坐标轴选项"选项区域设置最大值为12000❷，单位大小为2000❸，与主坐标轴刻度一致，如下左图所示。

`Step 05` 此时，可见1月、2月、5月和10月的生产量没有达到目标值，但是超出目标值的数据系列不能显示超出的大小，如下右图所示。

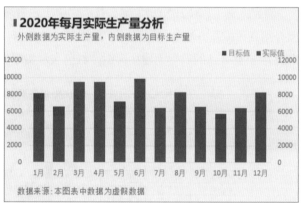

`Step 06` 选择"目标值"数据系列，在"设置数据系列格式"导航窗格中设置间隙宽度为30%，适当加宽该数据系列，设置后可以清晰查看超出目标值的大小，如下图所示。

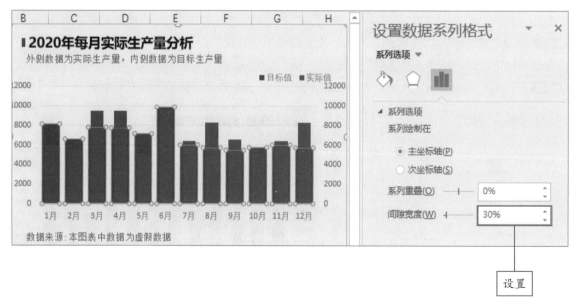

4.5.2 解决两组数据差距太大问题

以上一节案例为例，在D列添加每月的完成率，然后将该数据添加到图表中，无论使用柱形图还是折线图都无法展示完成率的大小，如下左图和下右图所示。

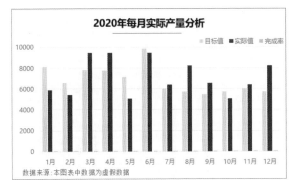
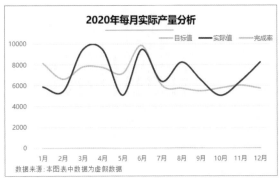

因为完成率的数值与目标值和实际值差距太大，此时只有一种方法解决该问题，就是使用次坐标轴。用户可以根据4.5.1节中一样设置"完成率"的数据系列为次坐标轴，但是此时，又出现一个问题——无论如何也无法选中该数据系列。我们可以选中任意数据系列，打开"设置数据系列格式"导航窗格，单击"系列选项"下三角按钮❶，在列表中选择"系列'完成率'"选项❷，如下图所示。即可在图表中选中"完成率"的数据系列，然后选中"次坐标轴"单选按钮即可。

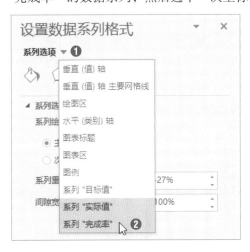

我们也可以通过"更改图表类型"对话框设置次坐标轴，同时还可以设置图表类型，下面介绍具体操作方法。

Step 01 选中图表并打开"更改图表类型"对话框，选择"组合图"选项❶，在右侧设置"完成率"系列为"折线图"图表类型❷，勾选右侧"次坐标轴"复选框❸，单击"确定"按钮❹，如下左图所示。

Step 02 返回工作表中可见"目标值"和"实际值"数据系列为柱形图，"完成率"为折线图，而且清晰展示变化趋势，如下右图所示。

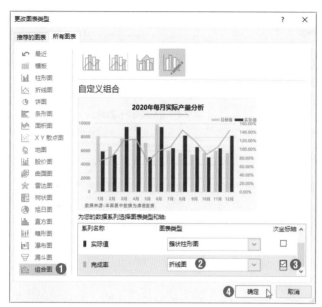

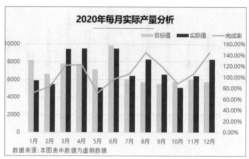

Tips

提示 | 次坐标轴展示小数据时注意事项

在1.3.3节中介绍双坐标轴使用时注意的问题中，除了双坐标轴刻度保持一致外，还要确保双坐标轴的网格线要对应。

Step 03 选中次坐标轴，在打开的导航窗格中设置最大值为1.5❶，单位为0.3❷，主次坐标轴的网格线均为5条，如下图所示。

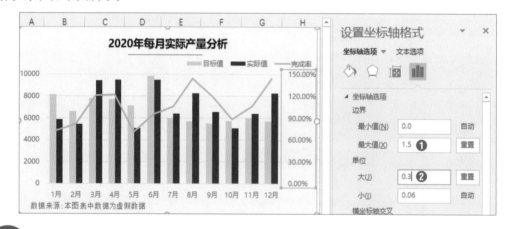

Tips

提示 | 隐藏次坐标轴

为了图表美观可以删除或隐藏次坐标轴，选中次坐标轴按Delete键即可删除完成率的数据系列。

在"设置坐标轴格式"导航窗格的"标签"选项区域单击"标签位置"下三角按钮❶，在列表中选择"无"选项❷，即可隐藏次坐标轴，如右图所示。

4.6 图表的其他操作

扫码看视频

图表创建完成后，有时需要通过投影仪演示，有时需要打印出来以纸张形式传阅，本节将主要介绍图表的输出操作。

4.6.1 打印图表

用户编辑完图表后，可以将其打印出来以供传阅。在打印图表时，可以单独打印图表，也可以和数据一起打印。

1. 打印数据和图表

当用户需要数据和图表一起打印时，可分为两种情况。第一种是图表和数据打印在同一页面中；第二种是将数据和图表分别打印在不同页面。

Step 01 打开"企业公众号按年龄分析.xlsx"工作簿，将图表和数据区域排列好，如下图所示。

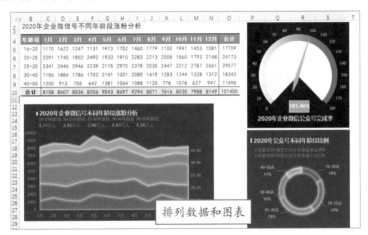

排列数据和图表

Step 02 单击"文件"标签，在列表中选择"打印"选项❶，从打印预览的效果可见，排列比较宽在两页打印。在中间"设置"区域设置打印方向为"横向"❷即可打印在一页，如下图所示。连接打印机，单击"打印"按钮即可。

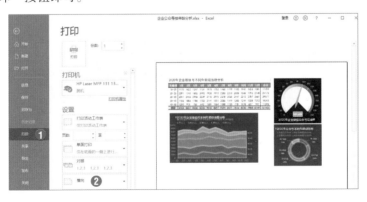

Step 03 对图表进行重新排列，将所有图表排列在数据下方。将光标定位在P12单元格中❶，切换至"页面布局"选项卡❷，单击"页面设置"选项组中"分隔符"下三角按钮❸，在列表中选择"插入分页符"选项❹，如下图所示。

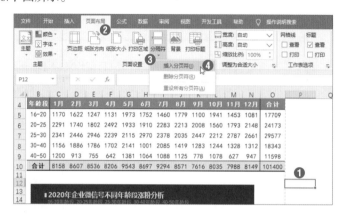

Step 04 即可以P12单元格左上角的水平和垂直线划分为4个区域，将数据和图表放在不同的区域打印。再将执行打印操作，则数据和图表分开打印，如下图所示。

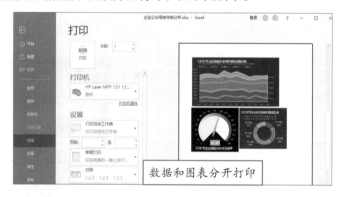

当工作表中包含多张图表时，有时只需打印部分图表和数据，如只打印仪表盘图表和数据区域。

Step 01 即将需要打印的仪表盘图表排列在数据区域下方，其他图表排列在其他位置。选择数据和图表所在的区域❶，切换至"页面布局"选项卡❷，单击"页面设置"选项组中"打印区域"下三角按钮❸，在列表中选择"设置打印区域"选项❹，如下图所示。

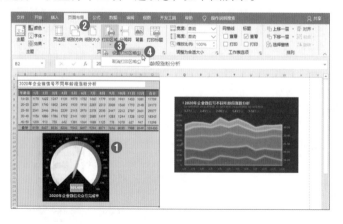

Step 02 再次打印工作表时，即可只打印选中的单元格区域的数据和图表。

2. 只打印图表

如果只打印其中一张图表时，只需要选中该图表，然后执行打印操作即可。如果打印多张图表时，若选中多张图表后执行打印操作，则打印工作表中所有的内容。例如只选中圆环图表和仪表盘图表，执行打印的效果如下图所示。

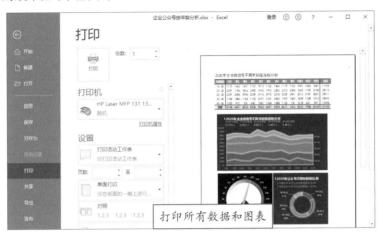

只需要根据打印图表和数据区域中的方法设置打印区域，即可只打印选中的图表，其他数据和图表均不会被打印。

设置打印区域除了上述介绍的方法外，还可以在"打印"选项区域中设置。选中仪表盘图表和圆环图表区域，执行打印操作可见打印工作表中所有内容，单击"设置"选项区域中"打印活动工作表"下三角按钮，在列表中选择"打印选定区域"选项即可。

4.6.2 输出图表

在4.2.3节中介绍复制图表并粘贴为图片，这也是图表输出的一种方式。本节将介绍将图表导出为PDF格式，下面介绍具体操作方法。

Step 01 选择需要输出为PDF格式的图表并右击，在快捷菜单中选择"移动图表"命令，打开"移动图表"对话框，选中"新工作表"单选按钮❶，单击"确定"按钮❷，如下图所示。

Step 02 即可将图表移到Chart1工作表中，然后单击"文件"标签，在列表中选择"导出"选项❶，选择"创建PDF/XPS文档"选项❷，单击右侧"创建PDF/XPS"按钮❸，如下图所示。

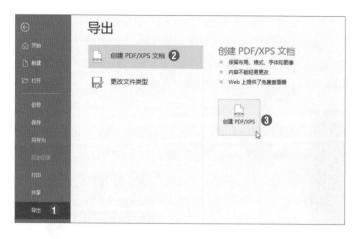

Step 03 打开"发布为PDF或XPS"对话框，选择保存的路径，设置文件名❶，默认为PDF格式，单击"发布"按钮❷，如下图所示。

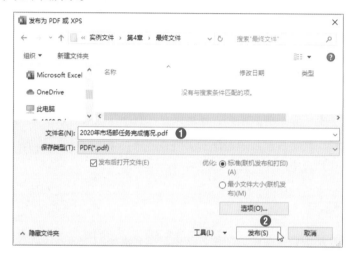

Step 04 即可在指定的路径中以PDF格式保存该图表，同时以PDF格式打开。打开保存的路径，查看输出的效果，如下图所示。

在输出图表之前，可以先检查图表，如检查图表的批注是否合适、文档的属性和个人信息是否正确等。单击"文件"标签，在列表中选择"信息"选项❶，单击"检查问题"下三角按钮❷，在列表中选择"检查文档"选项❸，如下图所示。

打开"文档检查器"对话框，单击"检查"按钮，即可开始检查，检查完成进行相关处理即可。本案例中不希望显示文档属性和个人信息，单击"全部删除"按钮，如下图所示。

第 **5** 章

图表的设计和分析

　　图表创建完成后，一般情况下是不能达到完美展示数据的目的，还需要对图表进一步设计，例如添加图表元素、处理纵横坐标轴的问题等。最后通过图表中的趋势线、涨/跌线对数据的趋势进行分析，从而挖掘图表和数据隐藏的信息，为企业的决策提供依据。

　　本章还将介绍在制作图表时经常遇到的问题，如第1行或第1列为数值的问题、图表中不显示隐藏数据的问题等。

添加图表元素

在Excel中可以通过两种方法添加图表元素，下面介绍具体方法。

方法一：通过"添加图表元素"下三角按钮添加

选择需要添加图表元素的图表❶，切换至"图表工具–设计"选项卡❷，单击"图表布局"选项组中"添加图表元素"下三角按钮❸，在列表中选择需要添加的元素名称，在子列表中选择添加的位置即可。如选择"图例"选项❹，在子列表中选择"顶部"选项❺，即可在图表上方显示图例，如下图所示。

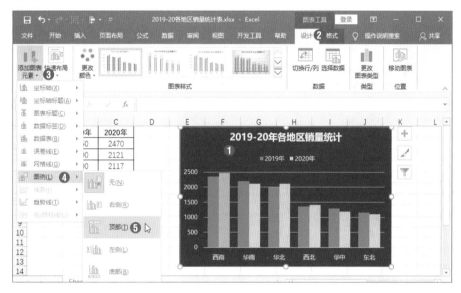

在子列表中选择"更多xx选项"选项时，会打开对应的导航窗格，可以进一步设置添加的图表元素。例如在"图例"子列表中选择"更多图例选项"选项，打开"设置图例格式"导航窗格，同时展开"图例选项"列表，可以设置图例的位置以及设置图例是否与图表重叠，如下图所示。

方法二：通过"图表元素"按钮添加

选中图表后，在右上角显示"图表元素"按钮，单击该按钮在列表中显示图表元素的名称，如果勾选相应的复选框，会将该图表元素添加在默认的位置。例如勾选"图表标题"复选框默认在图表上方添加标题，勾选"图例"复选框默认在图表右侧添加图例等。

用户也可以单击图表元素右侧的三角按钮❶，在列表中勾选相关复选框即可添加指定的元素或在指定的位置添加元素。例如勾选"主要纵坐标轴"复选框❷，则在图表只添加纵坐标轴标题，如下图所示。

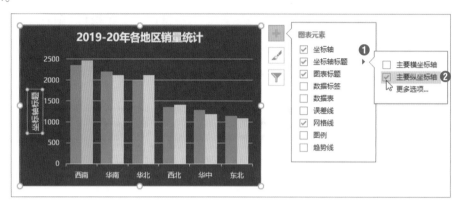

有的图表元素是在子列表中选择相应的选项，如图表标题、数据标签、图例等。例如单击"数据标签"三角按钮❶，在列表中选择合适的位置，此处选项"轴内侧"选项❷，如下图所示。

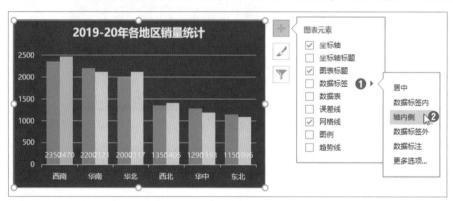

> **Tips**
>
> ### 提示 | 通过功能区打开图表元素对应的导航窗格
>
> 之前介绍通过快捷菜单打开对应的导航窗格，用户还可以通过功能区打开。选择图表，切换至"图表工具-格式"选项卡，单击"当前所选内容"选项组中"图表元素"下三角按钮，在列表中选择图表元素，然后再单击"设置所选内容格式"按钮，即可打开对应的导航窗格。例如选择"绘图区"❶，再单击"设置所选内容格式"按钮❷，即可打开"设置绘图区格式"导航窗格，如右图所示。
>
>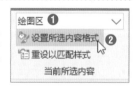

5.2 图表的标题设计

扫码看视频

图表的标题是图表不可缺少的元素之一，它是说明性的文本可以让观者快速了解图表所表达的含义。在Excel图表中包括图表标题和坐标轴标题，一般坐标轴标题默认不显示，用户可以根据需要添加。本节将介绍图表两种标题的设计方法。

5.2.1 图表标题的设计

默认情况下图表标题位于图表的上方中间位置，但是有时图表没有标题，我们通过"添加图表元素"功能添加即可，然后再根据图表的配色和风格设计标题。

1. 设置个性的图表标题

图表标题添加后可以为其设置字体、字号和颜色，也可以通过艺术字设置个性的图表标题，下面介绍具体操作方法。

Step 01 打开"2019-20年各地区销量统计表.xlsx"工作簿，在饼图的图表标题文本框中输入标题文本，如下左图所示。

Step 02 选中图表标题❶，在"开始"选项卡❷的"字体"选项组中设置字体为"黑体"❸、字号为14❹、颜色为"白色"❺并加粗显示❻，如下右图所示。

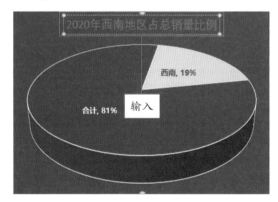
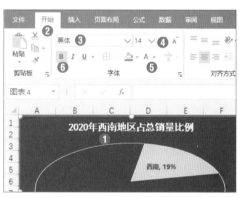

Step 03 保持图表标题为选中状态，单击"字体"选项组中对话框启动器按钮，打开"字体"对话框，切换至"字符间距"选项卡❶，设置"间距"为"加宽"❷、"度量值"为1.5磅❸，单击"确定"按钮，如下图所示。

Tips

提示 | 增加标题文本的间距

默认情况下文本之间间距为1磅，如果需要将图表在屏幕上显示，文本显得很紧凑不利于观者阅读文本，所以适当增加文本的距离。

Step 04 切换至"图表工具–格式"选项卡，在"艺术字样式"选项组中单击"其他"按钮，在列表中选择合适的艺术字样式，如下左图所示。

Step 05 在"艺术字样式"选项组中设置字体的颜色、轮廓或者效果。例如设置字体颜色为黄色的渐变，如下右图所示。

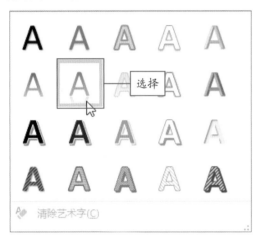 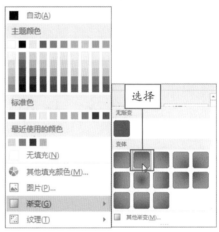

Tips

提示 | 在导航窗格中设置艺术字

选择图表标题并打开"设置图标标题格式"导航窗格，切换至"文本选项"选项区域，在"文本填充与轮廓"选项卡中设置文本的填充和轮廓，如下左图所示。
在"文字效果"选项卡中设置阴影、映像、发光、柔化边缘等效果，并且设置具体的参数，如下中图所示。
在"文本框"选项卡中设置垂直对齐方式、文字方向、倾斜角度以及文本到文本框四周的距离等，如下右图所示。

Step 06 用户还可以在"形状样式"选项组中设置图表标题文本框的效果，例如设置填充颜色、形状轮廓、形状效果等，也可以应用内置的形状样式。例如设置填充颜色为浅黄色、边框为蓝色、宽度为1磅，如下图所示。

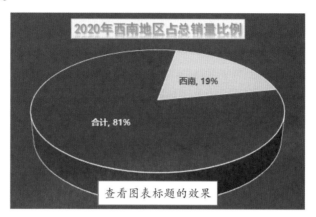

查看图表标题的效果

Tips

提示 | 在导航窗格中设置文本框效果

用户也可以在导航窗格中设置标题文本框的效果，打开"设置图表区格式"导航窗格，切换至"图表选项"选项区域，在"填充与线条"选项卡中设置文本框的填充和轮廓效果。

在"效果"选项卡中设置阴影、发光、柔化边缘、三维格式等效果，并且设置具体的参数。

在"大小与属性"选项卡中设置文本框的大小和属性以及打印对象等。

其中"填充与线条"和"效果"选项卡中设置参数与设置文本对应的选项卡中参数差不多。只有"大小与属性"与文本的"文本框"不同。"大小与属性"选项卡，如右图所示。

---

2. 设置链接图表标题

在第4.2.4节介绍在文本框中显示工作表中单元格的内容，设置图表标题链接与其操作方法一样。选择添加的图表标题框，在编辑栏中输入"="等号，然后选择链接的单元格，最后按Enter键即可，如下图所示。

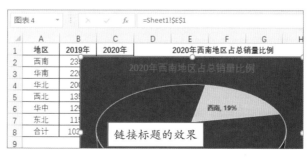

链接标题的效果

链接图表的标题功能在本书第10章制作动态的图表看板时会使用到。动态图表就是使用函数和控件控制图表显示的内容，从而与使用者形成交互。用户通过控件查看不同的数据时图表的标题可以跟随变化。

5.2.2 坐标轴标题的设计

在Excel中坐标轴标题包括主要纵坐标轴标题和主要横坐标轴标题，如果图表中使用次坐标轴，还包括次要横坐标轴标题和次要纵坐标轴标题。

坐标轴标题的设计和图表标题设计一样，可以设置文本和文本框的格式，而且设置的方法也相同，此处不再赘述。

下面介绍纵坐标轴文本的方向的设置，因为默认的纵坐标轴文本是旋转270度的，很不利于阅读，如下左图所示。

先选中主要纵坐标轴并打开"设置坐标轴标题格式"导航窗格，在"大小与属性"选项卡❶中设置文字方向为"竖排"❷，如下右图所示。

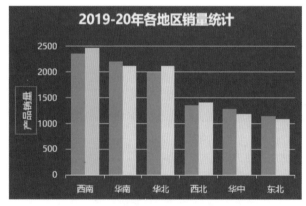 

纵坐标轴标题文本从上向下显示，适合阅读习惯，效果如下图所示。

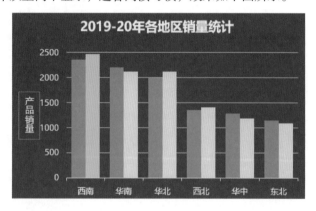

Tips

提示 | 一般不显示坐标轴标题

在制作专业的图表时，一般不显示坐标轴标题，因为从图表的坐标轴内容和图表标题可以清晰地了解到纵坐标轴为销量、横坐标轴为地区。

5.3 坐标轴的设计

扫码看视频

Excel提供的10多种图表类型中，只有饼图和圆环图没有坐标轴，其他类型都至少有2个坐标轴，分别为横坐标轴和纵坐标轴。本节将介绍纵横坐标轴设计方法，其中文本设计将不再介绍，用户可参照图表标题的设计方法去学习。

5.3.1 纵坐标轴的设计

纵坐标轴一般是数值，用户可以根据要求对其进行设置，例如，数值太大时需要设置以千或万为单位显示或者调整坐标轴刻度的起始数值。

1. 设置纵坐标轴以"万"为单位

当纵坐标轴的数值太大，不能直观地比较大小，用户可以设置以"千"或"万"等单位计数。同时坐标轴的数据太多比较密集也不利于阅读，设置纵坐标轴大小单位，让纵坐标轴一般显示5个数据。下面介绍具体操作方法。

Step 01 打开"各季度销售额.xlsx"工作簿，可见纵坐标轴的数值很大，而且很密集，如下左图所示。

Step 02 选中纵坐标轴，打开"设置坐标轴格式"导航窗格，在"坐标轴选项"选项区域中设置"单位"区域中"大"为100000，如下右图所示。

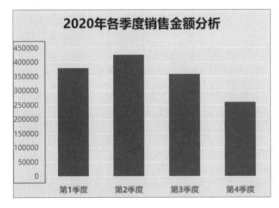

Step 03 此时纵坐标轴的最大值变为500000，数值之间差值为100000，如右图所示。设置纵坐标轴大的单位时，一般设置为5的倍数，这样很容易识别。

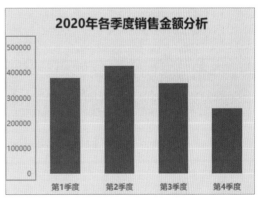

Step 04 在"坐标轴选项"选项区域中单击"显示单位"下三角按钮❶，在列表中选择10000选项❷，如下左图所示。

Step 05 纵坐标轴刻度数值均以万为单位显示，然后绘制文本框并输入"单位:万"文本进一步说明，效果如下右图所示。

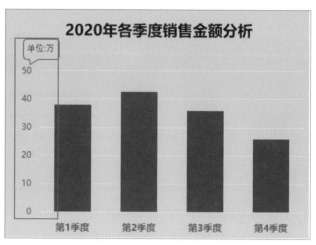

2. 设置起始数据

在第1章介绍设置坐标轴的起始值以0开始，否则很容易让观者误解，但是有时为了能说明数据的变化，可以适当设置坐标轴的起始值，但是目的不是误解观者。

在"某行业PMI指数.xlsx"工作簿中，指数的数值在40~60之间，起始值为0时，可见折线图的变化趋势不大，如下图所示。

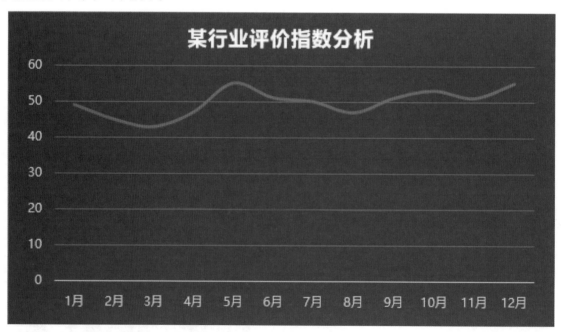

选择纵坐标轴，打开"设置坐标轴格式"导航窗格，在"坐标轴选项"选项区域中设置边界的最小值为40，单位的大值为5。可见折线图表中折线变化的幅度更大了，这样更能清晰地说明问题，如下图所示。

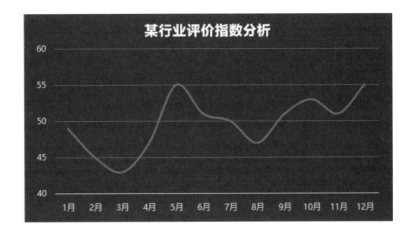

5.3.2 横坐标轴的设计

用户也可以设置横坐标轴文本和文本框的格式，本节不再介绍。当用户根据日期统计数值时，在横坐标轴中显示是连续的日期，而有的日期是没有数据，如周末或节假日，此时需要对横坐标轴进行相应的设计。

Step 01 打开"2020年6月前两周两组生产数量统计表.xlsx"工作簿，在数据表中6月6日和6月7日是周末没有生产数量，所以没有统计数据，但是在图表中显示周末的日期，如下图所示。

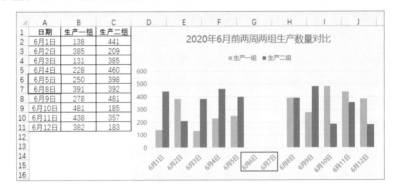

Tips

提示 | 为什么图表和数据表中数据不一致？

这是因为Excel中图表的横坐标轴默认是根据数据自动生成的，所以横坐标轴是连续的日期，与数据表中数据是不一致的。接下来介绍解决该问题的方法。

Step 02 选中横坐标轴并打开"设置坐标轴格式"导航窗格，在"坐标轴选项"选项区域中选中"文本坐标轴"单选按钮。日期格式以文本形式显示，图表中只显示数据表中的内容了，如右图所示。

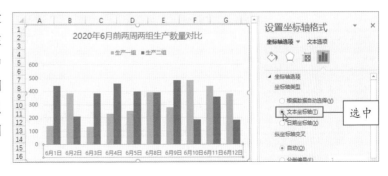

5.4 数据标签的设计

数据标签默认与数据源中数据一致而且格式也相同。添加数据标签可以使图表更易于理解，而且数据标签中能体现很多内容，例如系列名称，饼图还可以显示百分比。

5.4.1 设置数据标签的内容

默认添加数据标签是数据表中对应的值，下面以饼图为例，介绍在数据标签中显示类别名称和各扇区的百分比的方法。

Step 01 打开"企业公众号按年龄分析.xlsx"工作簿，选中饼图并添加数据标签，设置标签文本颜色为白色并加粗，如下图所示。

Step 02 选择数据标签，打开"设置数据标签格式"导航窗格，在"标签选项"选项区域❶中勾选"类别名称"和"百分比"复选框❷，取消勾选"值"复选框❸，在"分隔符"列表中选择逗号，如下右图所示。

Step 03 操作完成后，可见饼中数据标签的数值变为类别名称和百分比，清晰地表示不同年龄段粉丝所占的比例，如下图所示。

提示 | 设置数据标签显示指定的数据

在"设置数据标签格式"导航窗格的"标签选项"选项区域中勾选"单元格中的值"复选框，会打开"数据标签区域"对话框，单击"选择数据标签区域"折叠按钮，在工作表中选择指定的区域，单击"确定"按钮，即可在数据标签中显示选中单元格区域的内容。"数据标签区域"对话框如右图所示。

5.4.2　设置数据标签的格式

数据标签的格式与数据表中是一致的，例如数据表中数据为货币格式，数据标签中也是货币格式。某企业统计2020年各地区销售额并制作成柱形图，需要在数据标签中不显示货币符号，也不显示小数，下面介绍具体操作方法。

Step 01 打开"2019-20各地区销售额统计.xlsx"工作簿，为创建的柱形图添加数据标签，效果如下图所示。

Step 02 选择数据标签并打开"设置数据标签格式"导航窗格，在"数字"选项区域中取消勾选"链接到源"复选框❶，设置类别为"常规"❷，在"格式代码"数值框中输入0❸，单击"添加"按钮❹，如下左图所示。

Step 03 可见图表中数据标签的数据被修改为指定格式，如下右图所示。

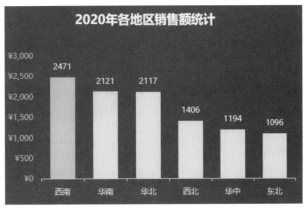

5.5 饼图和圆环图的设计

饼图和圆环图和其他图表有所不同，它们没有坐标轴、数据表、线条以及趋势线等。饼图仅有一个数据系列而且所有值都是正值；圆环图可以有多个数据系列，每个圆环代表一个数据系列，通过圆环图可以显示各数据系列之间的关系。

5.5.1 分离饼图和圆环图

创建的饼图和圆环图，各数据系列是结合在一起的，用户可为了突出某系列并将其分离，或将所有数据系列进行分离。分离饼图和圆环图的方法一样，下面介绍手动分离和精确分离两种方法。

1. 手动分离

Step 01 打开 "2020年各项利润分析.xlsx" 工作簿，选中饼图中任意系列，然后向外拖动，如下左图所示。

Step 02 拖到合适的位置释放鼠标左键，即可将所有扇区同时分离，效果如下右图所示。

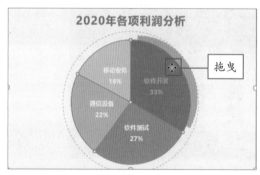

Step 03 如果分离某个扇区只需要在该扇区单击两次，选中后按住鼠标左键向外拖曳到合适位置释放鼠标即可。例如分离 "移动业务" 扇区，如下图所示。

2. 精确分离

选中图表中扇区，打开 "设置数据系列格式" 导航窗格，在 "系列选项" 选项区域中设置 "圆环图分离程度" 为20%，则所有圆环向外分离，如下图所示。

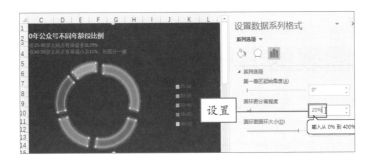

如果要分离单个圆环，只选中需要分离的圆环，打开"设置数据点格式"导航窗格，在"系列选项"选项区域中设置"点分离"为20%，则选中的圆环会分离，其他圆环不动，如下图所示。

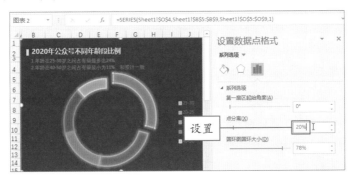

5.5.2 旋转饼图或圆环图

二维饼图、三维饼图和圆环图的旋转方法都相同，选择数据系列后在"设置数据系列格式"导航窗格的"系列选项"选项区域中设置"第一扇区起始角度"的值即可，是按照顺时针旋转的，如下图所示。

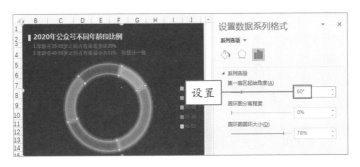

而三维饼图可以通过"三维旋转"效果中"X旋转"和"Y旋转"两项参数设置X和Y轴方向的旋转，如下图所示。

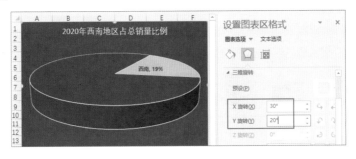

5.6 图表的分析

图表不仅可以直观地展示数据，还可以从图表中分析数据所要传达的信息，以便利用这些数据总结或安排工作。本节主要介绍关于图表分析的相关知识，例如，通过添加趋势线、误差线、涨/跌柱线和线条进行数据分析。

5.6.1 趋势线

在图表中添加趋势线，不但可以直观地展现数据的变化趋势，还可以根据现有的数据预测将来的数据。下图为线性预测趋势线，预测到7月份家电销售金额为上升趋势。

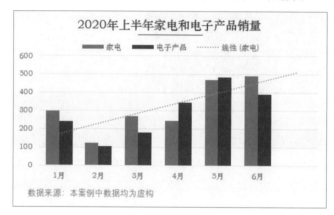

下面介绍Excel中包含的几种趋势线。

1. 指数趋势线

指数趋势线适用于以一个递增的比率上升或下降的数据。指数趋势线看似一个具有对数的Y轴标量和线性的X轴标量的图表上的直线，和幂趋势线一样，指数趋势线并不适用于包含0或负数的数据。

下图是指数趋势线显示家电的销量逐渐上涨，R平方值为0.911，表明趋势线与数据很拟合。

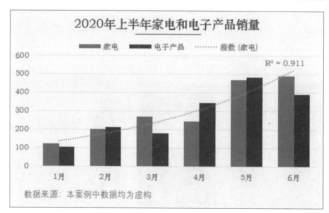

2. 线性趋势线

线性趋势线用于为简单线性数据集创建最佳拟合的直线。线性趋势线通常表示事物是以恒定速率增加或减少的。

下图为线性趋势线显示2020年上半年家电销量稳步上升。R平方值为0.8901，表示线与数据拟合得还可以。

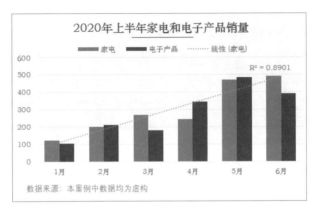

3. 对数趋势线

对数趋势线显示最佳拟合的曲线。数据一开始的增加或减小的速度很快，但又迅速平稳，那么对数趋势线是最佳的拟合曲线。对数趋势线可以使用负值和正值。

下图为企业最近10年员工规模分析，随着企业规模成型后逐渐平稳。R的平方值为0.8834说明线与数据拟合得很不错。

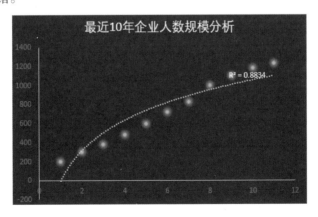

4. 多项式趋势线

多项式趋势线是数据波动较大时使用的曲线。多项式的阶数是有数据波动的次数或曲线中的拐点的个数确定，方便的判定方式也可从曲线的波峰或波谷确定。二阶多项式趋势线通常只有一个波峰或波谷；三阶多项式趋势线通常有一个或两个波峰或波谷；四阶多项式趋势线通常多达3个。

下图为三阶多项式趋势线显示企业投入的成本与利润的关系，R平方值为0.9907，表示线与数据拟合得非常好。

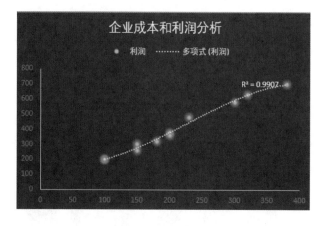

5. 乘幂趋势线

乘幂趋势线是一种适用于以特定速度增加的数据集合的曲线。如果数据中有零或负数，则无法创建乘幂趋势线乘幂趋势线适合增长或降低的速度持续增加、且增加幅度比较恒定的数据。

下图为添加乘幂趋势线反映速度测量的距离，R平方值为0.9967，表示趋势线与数据拟合很好。

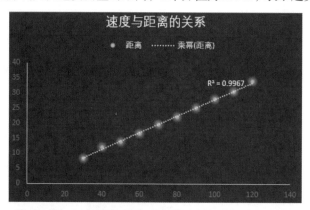

6. 移动平均趋势线

移动平均趋势线平滑处理数据的波动以清晰地显示图案或趋势。移动平均趋势线中的数据点数目等于数据系列中数据点的总数减去移动平均周期的数量。

下图为移动平均趋势线显示企业销售量和生产量之间关系，销售量上升时生产量也持续上升。

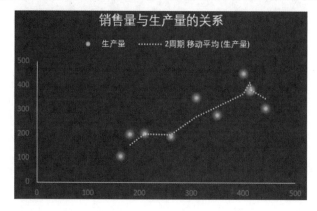

在散点图中添加移动平均趋势线，是以图表中X值的顺序为基础，要想使展示效果明显先要对X值进行排序，否则添加的移动平均趋势线很乱无法表达数据的趋势。

5.6.2　误差线

在图表中添加误差线，可以快速查看误差幅度和标准偏差。误差线主要用在二维面积图、条形图、折线图、柱形图和散点图等，其中在散点图上可以显示X、Y值的误差线。

下图为散点图添加误差线的效果。

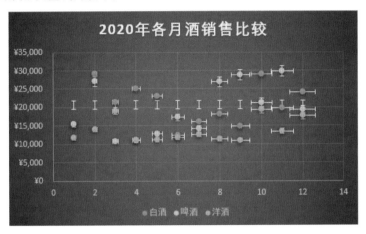

用户可以选择误差线在"设置误差线格式"导航窗格中的"填充与线条"选项卡中设置线条的格式；在"效果"选项卡中设置线条的阴影、发光或柔化边缘效果。在"误差线选项"选项卡中设置误差线的方向、末端样式、误差量等参数，如右图所示。

设置误差线方向时，水平误差线的负偏差在右侧，正偏差是在左侧；垂直误差线的负偏着在下方，正偏差是在上方。

设置水平和垂直误差线的内容在第7章详细介绍，是通过散点制作阶梯图表以及风险矩阵分析图表。

5.6.3　涨/跌柱线

涨/跌柱线是指第一个数据系列中的数据点与最后一个数据系列中的数据点之间的差异。通常用在股价图中，展示开盘价和收盘价之间的关系。收盘价高于开盘价时，柱线为浅色，相反则为深色，用户也可以自定义颜色。

下图为某股票连续8天的股价图，红色表示跌柱线，绿色表示涨柱线。

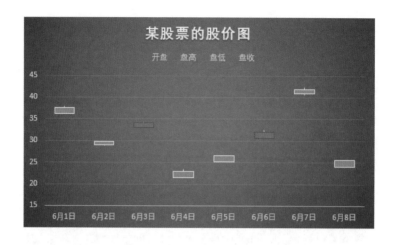

5.6.4 线条

不同的图表类型可以添加不同的线条,在Excel中包括垂直线和高低点连线两种线条。

垂直线是连接水平轴与数据系列之间的线条,主要用于面积图或折线图。下图为折线图添加垂直线的效果。

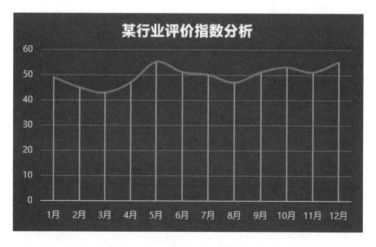

高低点连线是连接不同数据系列的对应数据点之间的线条,可以在包含两个及以上二维折线图中显示。下图为在比较目标销量和实际销量折线图添加高低点连线。

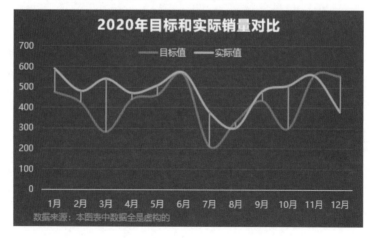

5.7 设计图表时常见的问题

掌握图表绘制和设计的基本操作后，在实际操作中还会遇到各种各样的问题，如果处理不当会影响图表展示的效果，例如5.3.2节中横坐标轴为日期的问题。本节将介绍制作图表时常见的几个问题和解决方法。

5.7.1　图表中不显示隐藏的数据

在制作图表时，经常使用辅助的数据，在展示图表时是不需要将辅助数据所在的行或列显示出来的。

下图为原数据和图表。

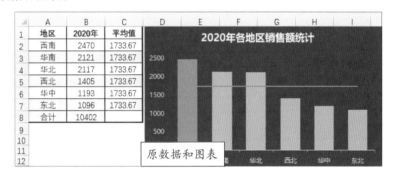

原数据和图表

此时有人会将辅助行或列隐藏起来，但是，隐藏后在图表中不显示辅助数据。将案例中C列隐藏起来，则图表中平均值的折线图也不显示，如下图所示。那么该如何解决此类问题呢？

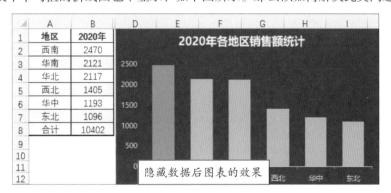

隐藏数据后图表的效果

解决该问题的方法很多，例如将辅助列放在表格的最右侧，或是将辅助行放在表格的最下方，在展示数据时可以通过图表覆盖住；除此之外，还可设置辅助数据的颜色和背景一致。

本书介绍图表的知识，那么怎么通过图表的功能来解决问题呢？答案是肯定的。只需要对图表进行简单的设置即可，下面介绍具体操作方法。

Step 01 选择图表，并打开"选择数据源"对话框，单击"隐藏的单元格和空单元格"按钮，如下图所示。

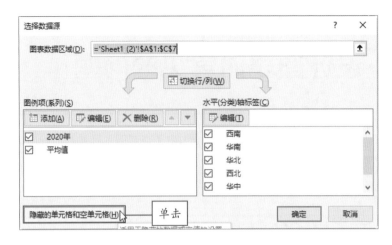

Step 02 打开"隐藏和空单元格设置"对话框，勾选"显示隐藏行列中的数据"复选框❶，单击"确定"按钮❷，如下左图所示。

Step 03 返回上级对话框，单击"确定"按钮，在工作表中再次隐藏C列，则图表依旧显示"平均值"折线图，如下右图所示。

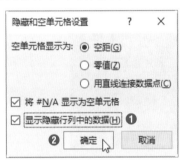

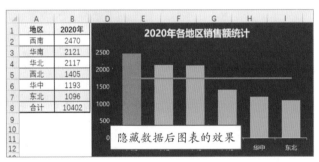

5.7.2 第1行或第1列为数值的问题

当数据表格中的第1列为数值时，在制作图表时默认将该列作为数据系列绘制在图表上，而不是作为横坐标轴。

例如，某家电卖场统计各月的大家电和小家电的销售数据，第一列为月份只有数字1、2、…表示，创建柱形图时，月份以数据系列显示，如下图所示。

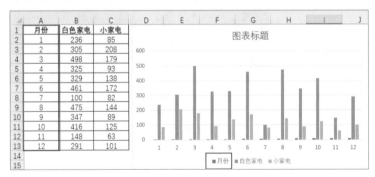

如果数据表格中第1行也是数值，创建图表时，则第1行不会作为图表的类别名称显示，也会作为数据系列显示。

例如，某企业统计2018-2020年各地区的销售数据，创建柱形图表后，年份以数据系列显示，如下图所示。

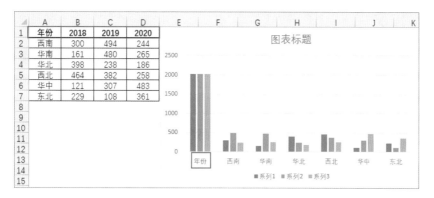

解决此类问题的方法也很多，可以将第1列或第1行的内容补全，例如将1修改为"1月"，将2018修改为"2018年"即可。

其实还有更简单的方法解决该问题，就是将数据表格的左上角单元格保持为空值，也就是删除A1单元格中的内容。

下图为第1列是数值时删除A1单元格中内容后创建柱形图的效果，可见以第1列作为图表的横坐标轴显示。

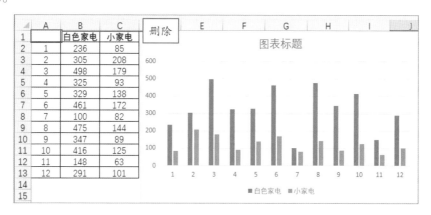

下图为第1行是数值时删除A1单元格中内容后的效果，第1行作为图表的横坐标轴显示。

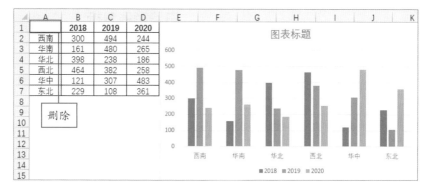

除了上述方法外，用户还可以通过"选择数据源"对话框，对"图例项"和"水平轴标签"进行设置，该方法比较麻烦，不建议使用。但是该方法在创建散点图时经常使用，以设置X和Y轴。

5.7.3 折线图中空数据问题

在制作折线图时，如果出数据表中有空值，则图表中的折线会出现断裂的现象，影响展示效果。这是因为图表在处理空单元格时，默认通过空距的方法处理该问题。

例如，统计白酒的每月销售数据，由于某原因5月份没有销售数据，创建折线图的效果如下图所示。

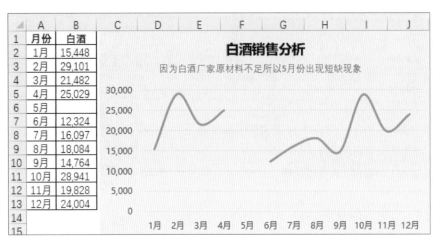

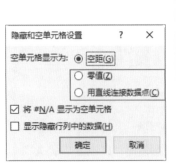

Tips

提示 | 设置折线图为平滑曲线

在使用折线图展示数据时，使用平滑的曲线效果会更好。选中折线，在"设置数据系列格式"导航窗格中切换至"填充与线条"选项卡，勾选"平滑线"复选框即可。

为了能够更加完美地展示数据，可以通过设置零值或使用直线连接解决折线断裂问题。使用直线连接并不是使用直线形状直接连接。选中图表打开"选择数据源"对话框，单击"隐藏的单元格和空单元格"按钮，打开"隐藏和空单元格设置"对话框，在"空单元格显示为"选项区域中选择相应的单选按钮即可，如下左图所示。

下右图为选中"零值"单选按钮，折线图的效果。

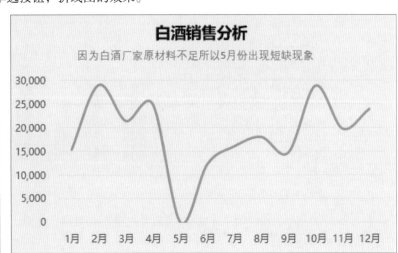

下图为选中"用直线连接数据点"单选按钮，折线图的效果。

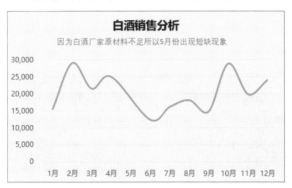

5.7.4 解决部分数据值相差过大的问题

在统计数据时，有时数据之间的差距太大，制作成图表后无法正确比较数据之间的关系，也影响图表的美观。

例如，销售部统计各员工的销售数量，刚入职的员工销量是比较少的，而有能力的销售员销量是比较大。

下面通过柱形图展示销售部各员工销售金额，可见柱形图相差比较大，如下图所示。

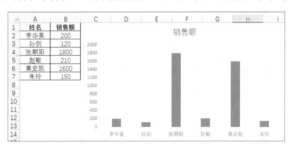

那么该如何解决此类问题呢？初步想法是将长的柱形图从中间切断，那么如何切断呢？可以通过两个图表设置不同的纵坐标轴的刻度然后拼接在一起，也可以通过制作辅助数据，下面分别介绍两种操作的方法。

1. 两个图表合并制作断层

Step 01 创建柱形图并进行美化，然后复制一份图表，其中一份图表删除标题文本框，另一份删除横坐标轴，如下图所示。

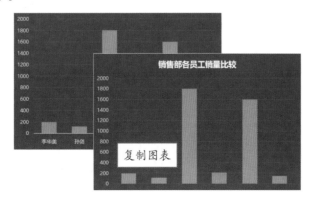

Step 02 选中有标题的图表，将除两个高的数据系列外其他数据系列设置为无填充和无轮廓。选中纵坐标轴，打开"设置坐标轴格式"导航窗格，在"坐标轴选项"选项区域设置边界最小值为1200、单位大的值为200，效果如下左图所示。然后设置该图表为无填充和无轮廓。

Step 03 选中另一张图表的纵坐标轴，设置最大值为400，单位大为200，效果如下右图所示。

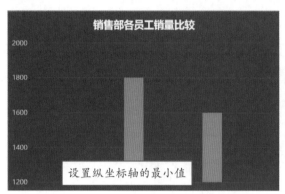
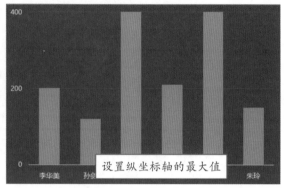

Step 04 选中最大值为400的图表的绘图区，向下拖曳上边框的控制点，适当缩小绘图区。再将另一张图表适当缩小，并移到上方，使数据系列和纵坐标轴吻合，效果如下图所示。注意纵坐标轴刻度之间的距离要一致，否则图表效果不真实。

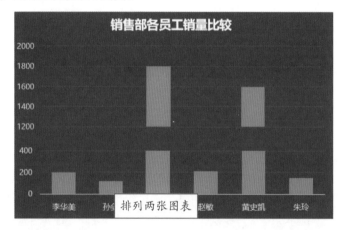

Step 05 然后在"插入"选项卡中单击"形状"下三角按钮，在列表中选择"直线"形状，在断层之间绘制垂直的直线，设置颜色为白色、线型为虚线，最终效果如下图所示。

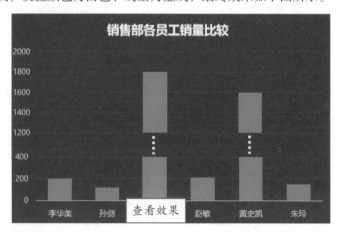

2. 通过辅助数据制作断层

通过辅助数据制作断层，需要创建模拟纵坐标轴的数据，通过散点图将其制作成纵坐标轴的刻度，接着根据模拟的纵坐标轴对源数据进行修正，最后制作断层的数据。

Step 01 根据要求创建3份辅助数据，源数据中销售额数值小的在300以内，数值大的在1500~1900之间，所以在F3:F11单元格区域中输入纵坐标轴的值，其中相邻值间隔为100。在E3单元格输入"=IF(F3>300,F3-1100,F3)"公式，并向下填充到E11计算出纵坐标的值。在I3单元格中输入"=IF(B3>300,B3-1100,B3)"公式，并向下填充，计算出修正的数据。在L3单元格中输入"=IF(I3>=300,300,#N/A)"公式，并向下填充计算出断层的位置，如下图所示。

创建辅助数据

Step 02 选择H2:I8单元格区域，并插入柱形图，选中纵坐标轴并打开"设置坐标轴格式"导航窗格，在"坐标轴选项"选项区域中设置最大值为800，单位大为100；在"标签"选项区域中设置标签位置为"无"，效果如下图所示。

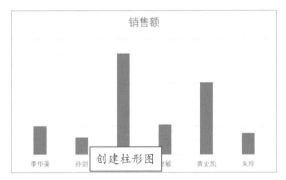

创建柱形图

Step 03 右击图表，在快捷菜单中选择"选择数据"命令，打开"选择数据源"对话框，单击"添加"按钮，打开"编辑数据系列"对话框，设置系列名称为D1单元格❶，系列值为E3:E11单元格❷，单击"确定"按钮❸，如下左图所示。

Step 04 返回"选择数据源"对话框，单击"确定"按钮，在图表中添加另一数据系列，如下右图所示。

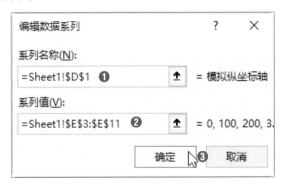

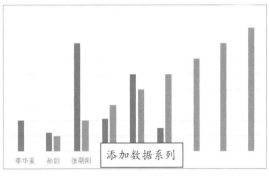

添加数据系列

Step 05 选择添加的数据系列并右击，在快捷菜单中选择"更改系列图表类型"命令，打开"更改图表类型"对话框，设置"模拟纵坐标轴"数据系列为"散点图"❶，单击"确定"按钮❷，如下左图所示。

Step 06 右击散点图，在快捷菜单中选择"选择数据"命令，在打开的"选择数据源"对话框中选中"模拟纵坐标轴"系列，单击"编辑"按钮，打开"编辑数据系列"对话框，设置X轴系列值为D3:D11单元格区域❶，单击"确定"按钮❷，如下右图所示。

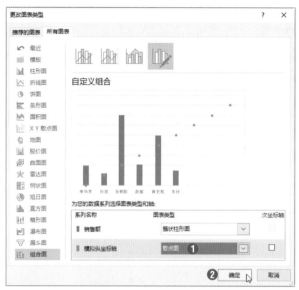

Step 07 返回上级对话框单击"确定"按钮，返回工作表中可见散点图从上到下均匀地分布在绘图区的左侧，如下左图所示。

Step 08 选中散点图并在左侧添加数据标签，然后再适当调整绘图区的宽度，使数据标签完全显示，如下右图所示。

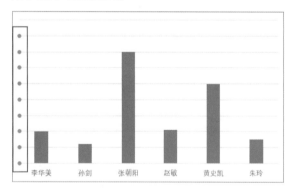
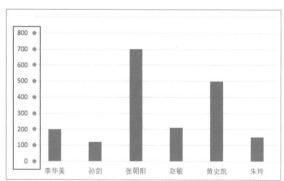

Step 09 为了使散点图更像纵坐标轴，选中散点图，打开"设置数据系列格式"导航窗格，在"填充与线条"选项卡❶中切换至"标记"区域❷，在"标记选项"选项区域中选中"无"单选按钮❸，如下左图所示。

Step 10 选择数据标签中400的文本框，在编辑栏中输入"="，然后在模拟纵坐标轴表格中选中对应的F7单元格，按Enter键即可建立与F7单元格链接并显示F7单元格的内容。根据相同的方法设置其他数据标签，即可完成纵坐标轴刻度的设置，如下右图所示。

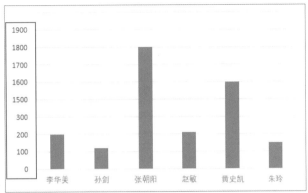

Step 11 右击图表，在快捷菜单中选择"选择数据"命令，打开"选择数据源"对话框，单击"添加"按钮。打开"编辑数据系列"对话框，设置系列名称为K1单元格❶，X轴系列值为K3:K8单元格区域❷、Y轴系列值为L3:L8单元格区域❸，单击"确定"按钮❹，如下左图所示。

Step 12 返回上级对话框单击"确定"按钮。在"形状"列表中选择"平行四边形"形状，绘制平行四边形并向右旋转90度再进行垂直翻转，然后设置平行四边形填充颜色和轮廓颜色均为黑色，如下右图所示。

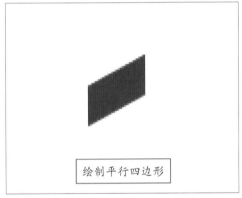

绘制平行四边形

Step 13 此时图表并没有什么变化，其实在两个高数据系列的300刻度位置添加散点图，因为设置散点图的标记为无所以看不到。为了展示效果，设置标记为显示状态，如下图所示。标记的位置就是添加断层的位置。

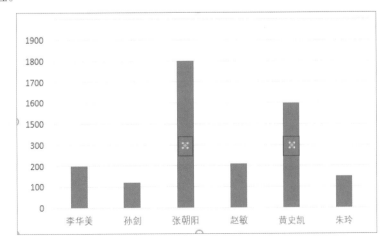

Step 14 对图表进行美化操作,设置图表背景颜色与平行四边行形状填充颜色一致,设置数据系列的格式,添加图表标题并设置文本格式,如下图所示。

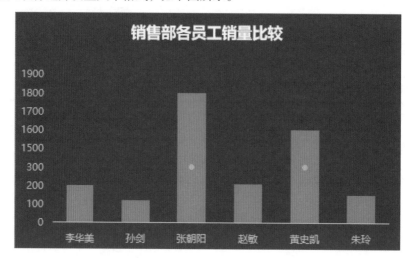

Step 15 选择绘制的平行四边形调整宽度与数据系列一致,并按Ctrl+C组合键进行复制,选中断层的散点按Ctrl+V组合键,即可为"张朝阳"和"黄史凯"两位销售员工的数据系列制作出断层的效果,如下图所示。

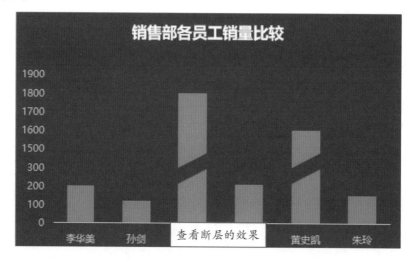

第2种方法制作断层效果比较麻烦,但是它的效果最完美,断点的位置是最精确的。

此方法最主要是需要制作辅助数据,其中需要分析源数据分布的哪两个区域,以及制作模拟纵坐标轴时的公式,只有多次尝试才能找到合适的计算公式。在制作断层数据时断层的位置根据需要而定,最好是纵坐标轴刻度不连接的水平位置,本案例设置在300的位置。

在使用图表的道路上还会遇到各种各样的问题,只要善于思考,方法总比困难多。

6

第 1 章

第 2 章

第 3 章

第 4 章

第 5 章

第 6 章

第 7 章

第 8 章

第 9 章

第 10 章

第 章

图表的美化

　　图表美化的目的是有利于传递和突出信息，让观者直观、更容易理解图表要表达的观点，所以图表的任何美化操作都要围绕图表的主题。

　　本章首先介绍Excel中美化图表的工具，如"图表工具-格式"选项卡中相关功能，以及图表元素对应的导航窗格等；其次，介绍快速调整图表布局和样式的方法；再次介绍图表美化的注意事项、原则等；最后通过修改图表的案例，进一步巩固图表美化的知识。

6.1 美化图表格式的工具

在Excel中对图表的美化操作其实就是对图表各元素的美化，对图表元素美化一般在"图表工具-格式"选项卡中设置，如下图所示。

在"插入形状"选项组中可以添加各种形状，并且可以编辑形状的顶点制作非常规的形状。在"形状样式"选项组中可以应用内置的形状样式，主要设置填充颜色和轮廓，也可以通过"形状填充""形状轮廓"和"形状效果"三个按钮设置图表元素的填充、轮廓和效果。在"艺术字样式"选项组中可以为选中的文本应用艺术效果，并且可以自定义文字填充、轮廓和效果。在"排列"选项组中可以设置选中图表的层次、对齐方式和旋转等。在"大小"选项组中设置图表的大小。

在"当前所选内容"选项组中设置图表元素后，单击"设置所选内容格式"按钮即可打开相应的导航窗格，进一步设置格式。例如选择"图表区"，单击"设置所选内容格式"按钮，打开"设置图表区格式"导航窗格，在"填充与线条""效果""大小与属性"选项卡中设置。下左图为"填充与线条"相关参数，下右图为"效果"相关参数。

> **Tips**
>
> **提示 | 打开导航窗格的方法**
>
> 打开某图表元素对应的导航窗格，在之前章节中也介绍过，总结为以下3种方法：第一种在功能区单击"设置所选内容格式"按钮；第二种是右击图表元素，在快捷菜单中选择对应的命令；第三种是双击图表元素。

在"填充"选项区域中包括"无填充""纯色填充""渐变填充""图片或纹理填充""图案填充"几种类型,之前介绍的图表大部分是纯色填充。

用户也可以在图表中使用图片,图片是最能够吸引眼球的,所以在使用的时候要慎重选择。在使用图片时要注意以下几个问题:

- 使用与图表的主题相关联的图片;
- 使用高清图片,不使用模糊图片;
- 不使用变形的图片;
- 图片的颜色与主题相关;
- 对图片进行弱化处理。

例如,某科技公司对研发的智能机器人进行各方面检测并将主要的数据进行分析,通常情况下科技类的图表需要使用蓝色为主色调。

对图表区填充图片,可以制作出更美观的图表,首先看以下两张图表。

上左图使用鲜花图片,整体相当美观,首先与科技汇报场景不符合,其次鲜花和图表的内容也没什么联系。相信很多读者只看到鲜红的花,没人在意图表中的数据以及表达的含义。

上右图使用广阔的场景,显得很高端、大气、上档次,但是它的问题与上左图的图表一样。

接着再看另外一张图表,如下图所示。

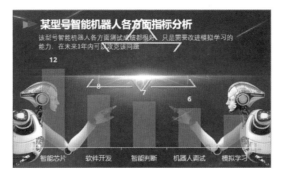

该图表选择与主题相关的图片——机器人作为背景,而且图片的颜色与科技汇报的场景也符合。但是有一个问题,图片的展示效果太强烈,无法让观者从图片转移到数据分析中,所以还需要对图片进行弱化处理。

Excel不是专业处理图片的工具,所以用户可以使用Photoshop软件,也可以通过PowerPoint处理。下面以PowerPoint为例介绍弱化图片的操作,首先将图片插入PPT中,在图表上方绘制大小相同的矩形,然后填充深蓝色以及设置从中心向四周的渐变填充,并适当设置透明度。将矩形和图片组合后并右击,在快捷菜单中选择"另存为图片"命令,如下图所示。

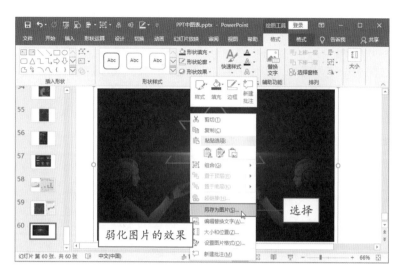

经过处理后，在图表区填充弱化后图片，效果如下左图所示。

用户也可以在绘图区填充图片，如果绘图区的图片与图表区风格不同会显得格格不入，此时可以设置绘图区的柔化边缘效果。

"渐变填充"就是将两种或多种颜色逐渐混合在一起，渐变填充要比纯色填充更具有感染力。下右图为折线图其中折线应用渐变填充。

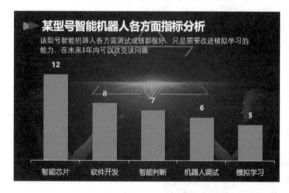
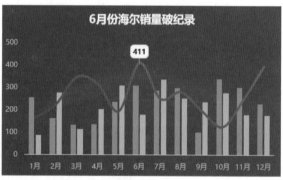

通过设置合理的渐变颜色，再添加适当的阴影效果可以制作出立体的效果。例如，下图是圆环图的效果，各圆环应用浅灰色到灰色的渐变颜色，并添加右下的阴影效果，好像圆环浮于图表上方。

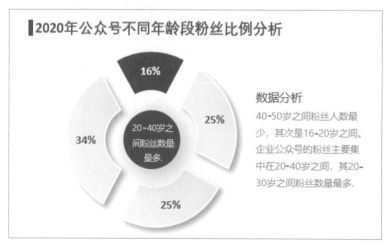

 调整图表的布局和样式

在Excel中创建图表后都需要根据要求调整图表的布局，例如添加不同元素或者调整图表元素的位置等。用户还可以直接应用Excel中的图表样式快速对图表进行美化操作。

6.2.1 图表快速布局

在Excel中内置了11种图表布局的类型，创建图表后只包含默认几种图表元素，此时用户可以直接使用内置布局，快速调整图表。

选择创建的图表，例如柱形图，然后切换至"图表工具-设计"选项卡，单击"图表布局"选项组中"快速布局"下三角按钮，在列表中选择合适的布局效果，如下图所示。

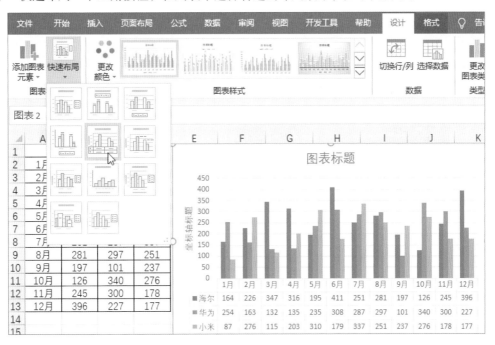

操作后图表应用选中的布局，如果还需要调整图表的布局可以通过"添加图表元素"下三角按钮来添加或调整元素的位置。

6.2.2 应用图表样式

Excel内置10多种图表样式，根据选中图表类型的不同提供不同的图表样式，用户可以直接应用图表样式快速美化图表。

应用图表样式比较简单，选中图表后，切换至"图表工具-设计"选项卡，单击"图表样式"选项组中"其他"按钮，在列表中显示内置的图表样式，选择合适的图表样式即可，如下图所示。

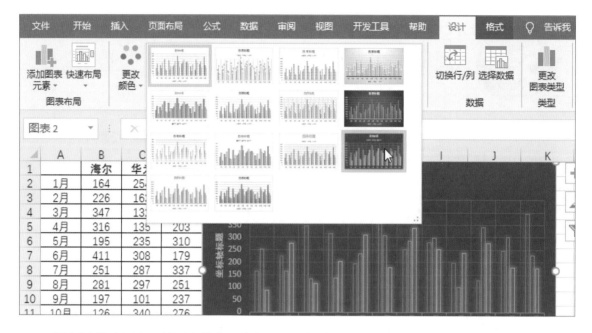

下左图为散点图内置的图表样式，共有11种图表样式。下右图为折线图内置的图表样式，共有15种。

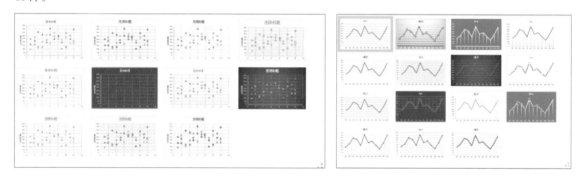

下左图为饼图内置的图表样式，共有12种。下右图为面积图的内置图表样式，共有8种。

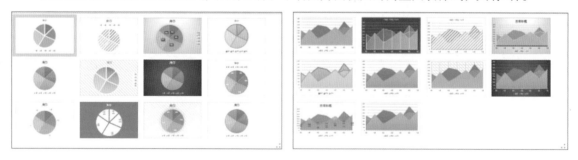

用户还可以通过"图表样式"选项组中"更改颜色"功能快速调整图表的数据系列的颜色。其中包括彩色和单色两大类，其中单色包括同一颜色从深到浅和从浅到深两种类型。

6.3 图表还可以再美点

前两节介绍在Excel中美化图表的基本功能，接下来将介绍如何对图表进行美化，例如不同图表美化的依据、图表美化的原则等。本节会结合一些实例进行介绍。

6.3.1 图表的构成

本节介绍的图表构成与2.4节图表的组成元素不同，首先通过下图了解专业图表的基本构成。

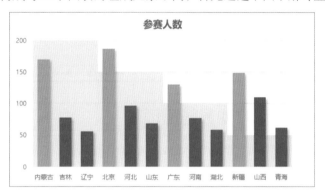

观者看完上图后，得到的信息是12个省参加比赛的人数，其中哪几个省人数比较多。具体什么赛事，什么级别的比赛，为什么各省要这么区分，各省参赛人数分别是多少，数据如何统计的等都没有特别明确。

下图为修改后的图表，其中包括标题、解释性文字、数据标签、资料来源以及脚注等。

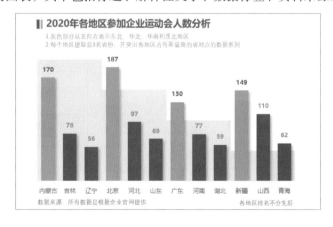

图表中也并不是一定要包含以上的内容，根据是否需要而定，例如上图中只有一个系列名称就是"人数"，而且在标题中已经清晰展示数据是人数，所以就不需要添加图例了。

对图表的构成要遵循"最大化数据墨水比"，它是著名的世界级视觉设计大师——爱德华·塔夫特曾在其经典著作《The Visual Display of Quantitative Information》中首先提出并定义了 data-ink ratio（数据墨水比）的概念。简单来说就是图表中绝大部分笔墨都应该用于展示数据信息，数据变化则笔墨也跟着变化。用户在制作图表时，尽量减少或弱化非数据元素，增强和突出数据元素。

以上图表更改主要在以下几个位置：

- 图表的标题：图表的标题要突出图表的主题，采用一句话形式，将标题修改为"2020年各地区参加企业运动会人数分析"，言简意赅，清晰地表明图表的主题。
- 添加解释说明性的文字：因为图表中是根据东北、华北、华南和西北4个地区统计参加人数最多的3个省进行分析数据的，所以通过背景中不同高度的灰色部分代表不同的区域。
- 添加数据标签：在使用柱形图时通常添加数据标签，可以让观者直观地了解具体数据，也可以突出特殊的数据。
- 删除纵坐标轴：当为各数据系列添加数据标签后，纵坐标轴显得特别多余，这也体现最大化数据墨水比的要求。
- 删除横向网格线：删除了纵坐标轴后，而且添加数据标签，那么横向网格线就没有意义了。
- 添加数据来源：在图表中添加数据来源，可以增加观者对数据的信任度，同时为查找数据提供依据。
- 添加脚注：图表中包含4个地区不同的省份，所以添加脚注说明各地区排名没有特别的意义。

6.3.2 常用图表美化时注意的事项

在6.3.1节中介绍相关内容对所有图表都适用，其实美化到具体图表时也是有特殊要求的。本节将介绍常用图表美化的注意事项，其中包括柱形图、条形图、折线图和饼图。

1. 柱形图的美化要求

柱形图是日常工作中使用最频繁的图表之一，对于数据比较分析都会用到，它也是很多初学者认识的第一个图表类型。制作柱形图时要注意以下几点：

- 同一数据系列使用相同的颜色。如果要突出表现某一数据系列可以填充不同的颜色，切记将同数据系列填充五颜六色。下左图所示的图表是不是很刺眼，下右图为相同颜色的数据系列效果。

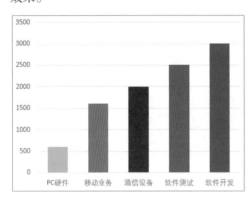 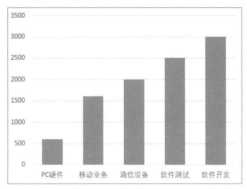

- 不要使用倾斜的横坐标。
- 柱形图一般要添加数据标签，然后删除纵坐标轴和网格线。
- 如果横坐标轴不是时间和日期的，对数据进行排序，一般是降序，柱形图中数据系列从左向右是从高到矮排列。

下图是将图表美化后的效果，数据展示清晰、配色合理、重点突出。

2. 条形图的美化要求

条形图和柱形图美化要求差不多，用户可以参考柱形图的美化要求。只是在对数据进行排序时，条形一般是按升序排列，才能使数据系列从上到下是由长到短。

在柱形图和条形图中，如果没有为数据系列添加数据标签，用户可以保留网格线和相应的坐标轴，可以让图中的数据条有参照。如果保留网格线，需要进行弱化处理。

下图为保留坐标轴和网格线的效果。

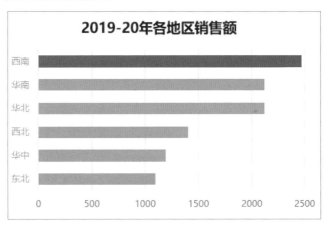

下图为删除坐标轴和网格线的效果。

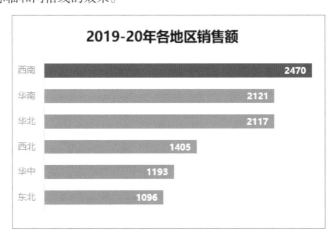

3. 折线图的美化要求

折线图美化时需要注意以下几点。

- 折线的数量不要超过5条，否则折线图显得比较乱，和乱麻差不多。
- 折线的宽度要粗些，比网格线宽，这样才能更突出。
- 纵坐标轴刻度要以0开始，这一点在前面章节介绍过，因为会让观者产生误解。
- 折线最好为平滑线。
- 折线图的横坐标轴的日期第一个是全写，其他的要简写，例如，横坐标轴日期为"2018年、2019年、2020年"，更改为"2018、19、20"。

下图使用折线图展示2020年A车间和B车间每月实际生产数量，折线的宽度比较宽并且使用颜色差异较大的红绿色，可以清晰地看到两车间同期数据的对比以及每车间的趋势。

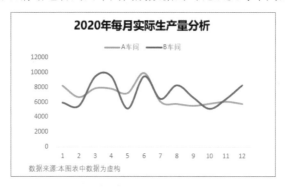

在使用柱形图和折线图展示未来的数据时，柱形图一般使用浅灰色数据系列表示，而折线图一般使用虚线表示。

例如，下左图是企业根据前3季度的销量预测第4季度的销量值，第4季度的数据系列为浅灰色。下右图中12月两车间的生产量为预测值，用虚线表示。

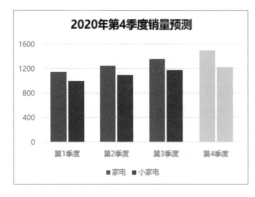

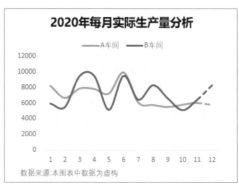

4. 饼图的美化要求

饼图比较特殊，没有纵横坐标轴，只包含扇区或圆环，但是要制作美观、大方的饼图也不是容易的事情。饼图的美化需要注意以下几点

- 先对数据进行排序，因为排序后对数据进行比较时更直观。下左图为未排序的饼图效果。下右图为对数据按升序排列后饼图的效果。
- 饼图的第一扇区要从12点钟位置开始，需要将重要的信息放在该位置，因为人们看事物习惯从左向右、从上到下，在看饼图时第一眼看12点钟的位置。

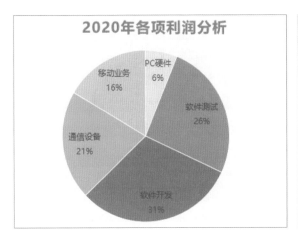

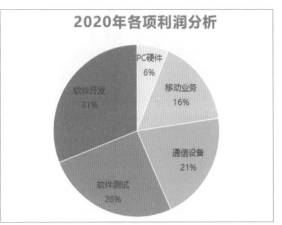

● 饼图不要使用图例，一般情况下都会为饼图添加数据标签，在数据标签中会标明类别、值或百分比。下左图为包含图例的效果，下右图不包含图例的效果。

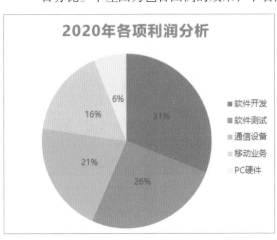

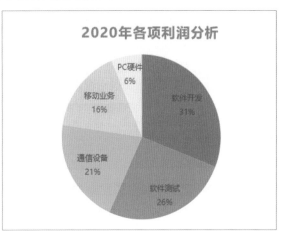

● 饼图的扇区不宜超过5个，因为人脑很容易记住前5位的事物，如果太多就容易分神，会错过重点的数据。如果必须使用饼图展示较多的数据，且数据差异比较大时可使用复合饼图。下左图将8条数据信息展示在同一饼图中效果，下右图是通过复合饼图展示8条数据信息的效果。

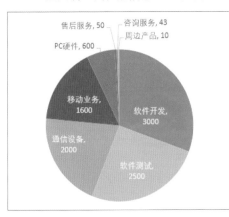

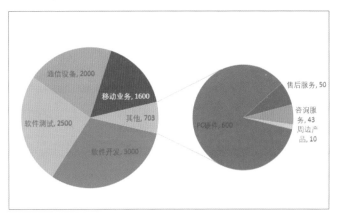

● 不要使用爆炸式的饼图，爆炸式饼图就是将所有扇区分离，首先不利于阅读，而且影响美观，如下左图所示。如果要突出某数据，可以将该扇区单独分离出来，如下右图所示。

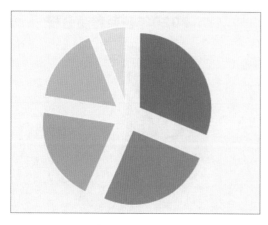
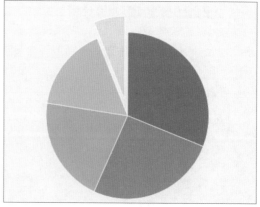

- 尽量不使用3D饼图，这一点在第1章中介绍过，容易让观者产误解，因为3D图表体现空间上的立体感，容易产生数据比例不真实的错觉。

6.3.3 图表美化的原则

在本章中介绍很多美化图表的方法的技巧，其实图表美化只有一个目的就是突出图表中的数据、突出重要的数据、展示图表的主题。否则再美的图表也没有意义，因此图表美化的基础是有利于信息和数据的传递以及观点的表达。下面介绍图表美化的基本原则。

1. 简约原则

简约原则和"最大化数据墨水比"是一致的，通过精简的图表清楚地展示数据，这就是简约不简单。世界顶级的商业杂志上的图表以及顶尖的咨询公司的图表都是非常简约的，没有多余的非数据元素。

下图为经济学人杂志上的图表，基本上只使用一个色系，然后通过明暗的对比来展示数据，当数据系列增多时，会增加深绿色、深棕色等颜色。

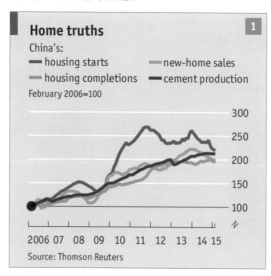

下图为商业周刊杂志的图表，在该图表中大量使用鲜艳的颜色，整张图表具有很强烈的视觉冲击力。

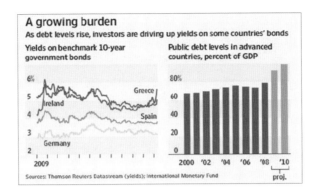

从以上专业的图表中可见除了必要的信息外，没有多余的元素，体现简约的原则。当我们在制作图表时，学会做减法运算，删除多余的，保留必需的，从而将图表变成简洁、大方的效果。

简洁的图表除了删除多余的元素外，还需要精简图表的信息。在同一个图表中尽量只展示一个观点的信息，不要在一个图表中展示多个观点的信息，否则让观者看不到核心的数据。此时可以将一个图表中的多个观点分成多张图表展示，这样效果很直观、观者更容易理解。

在第2章的"读懂表格"小节中介绍了如何去分析表格中的数据，以及创建相关的表格，此处不再赘述。

2. 整齐原则

整齐原则是图表中包含很多元素，将其排列有秩序，而且有关联的内容放在一起将设置统一的对齐方式。在制作柱形图、条形图和饼图前对数据进行排序这就是让数据看起来有序并整齐。

读者从下图中查找一下哪些元素应当在一起，哪些元素应当统一对齐。

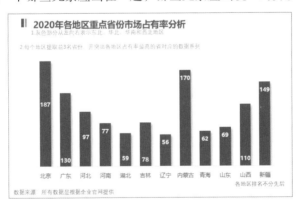

首先，说明性的文本和有关联的应当放在一起并设置左对齐，而且和标题的距离要大于两行说明性文本的距离，这样才能突出亲近的原则。

其次，柱形图的数据标签要统一设置位置。

最后，将数据来源和脚注放在同一行中，而且和绘图区的两侧对齐。

具体如何实操去调整图表的布局，读者可自行调整，在修改过程中再查找还有哪些需要调整的，此处不展示效果图。

用户设置各元素的对齐方式，主要包括左对齐、右对齐、水平居中、顶端对齐、垂直对齐、垂直居中、底端对齐等。选择元素后，切换至"绘图工具–格式"选项卡或者"图表工具–格式"选项卡，单击"排列"选项组组中"对齐"下三角按钮，选择相关选项即可，如下左图所示。

图表中包含很多零散的元素时，如文本框、形状等，可以选中所有元素，单击"排列"选项组中"组合"按钮，在列表中选择"组合"选项即可将其组合在一起，如下右图所示。

3. 对比原则

对比原则就是为了突出某些数据，让观者快速抓住信息。在图表中实现对比原则主要通过设置不同的颜色，或者颜色的明暗对比，在饼图中也可以分离要突出的扇区等。

例如，下左图是通过设置不同颜色突出最大值数据系列。下右图通过设置同一颜色的明暗突出数据。

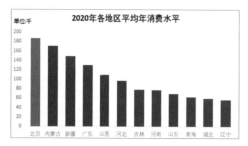
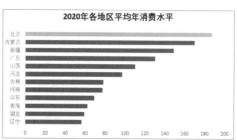

用户也可以通过字体突出某数据信息，例如将某数据文本加粗或者设置不同的颜色等。

4. 统一原则

统一的原则主要体现在通过多张图表展示数据时，例如统一设置图表的背景颜色，展示相同数据系列时使用统一的图表类型等，这样使整体风格一致、井然有序，避免杂乱无章。

在第一章介绍使用4张图表展示4个品牌各季度销量时，使用统一的图表类型、颜色搭配、纵横坐标轴。在第10章中创建各分公司关于销售金额的图表看板是通过多张图表展示表格中复杂的数据，使用统一的背景颜色，以及介绍5个品牌时都使用圆环图和折线图，这都是统一原则。图表看板的效果如下图所示。

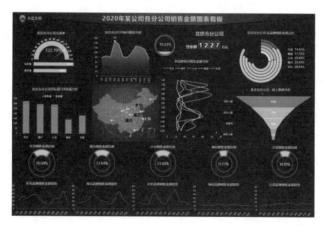

6.4 美化图表的实例

扫码看视频

在学习了图表的美化相关知识后，下面通过实例进一步巩固。本案例不是从制作图表到美化的过程，而是给出一张图表，根据美化的原则逐步修改从而达到专业的图表效果。

下图为需要修改的图表。

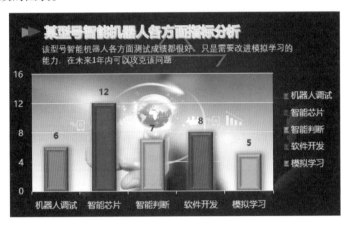

从图表的效果可见是有点美化过分，这也是很多初学者一个通病，迫切地将掌握的所有图表技能都能应用到。下面根据美化图表的原则对该图表进美化，具体操作如下。

Step 01 选择图表的图表区并打开"设置图表区格式"导航窗格，在"填充与线条"选项卡中设置纯色填充，填充颜色为白色。根据相同的方法设置绘图区填充颜色也为白色，如下左图所示。

Step 02 选择数据系列，在"设置数据系列格式"导航窗格中设置填充为"纯色填充"，设置填充颜色为蓝色，如下右图所示。

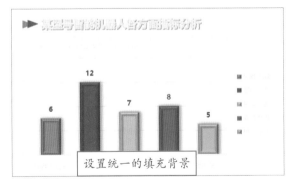

设置统一的填充背景

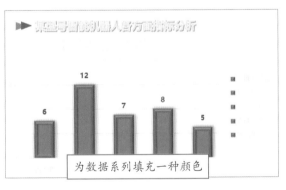

为数据系列填充一种颜色

Step 03 保持数据系列为选中状态，在导航窗格中切换至"效果"选项卡，取消"发光"和"三维格式"的效果，保留阴影的效果，如下左图所示。

Step 04 选中图表的标题，在"图表工具-格式"选项卡的"艺术字样式"选项组中设置填充颜色为黑色，无边框，在"文本效果"列表中取消所有效果。并在"开始"选项卡的"字体"选项组中设置格式。再设置图表中其他文本的颜色为浅黑色，效果如下右图所示。

第 **6** 章

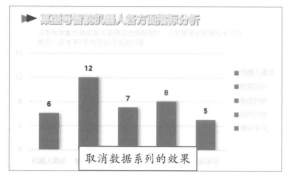

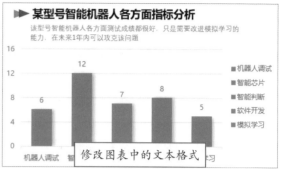

Step 05 删除图表中多余的元素，如图例、网格线、纵坐标轴和形状。然后在"图表工具-设计"选项卡中单击"添加图表元素"下三角按钮，在列表中选择"数据标签>数据标签内"选项，设置数据标签的颜色为白色并加粗显示，如下左图所示。

Step 06 返回工作表中对数据区域进行降序排列，设置数据系列中最高的填充颜色为浅蓝色，再缩小图表的宽度，最终修改的效果如下右图所示。

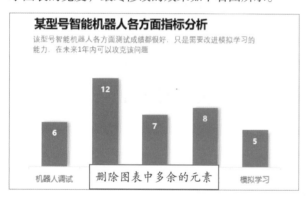

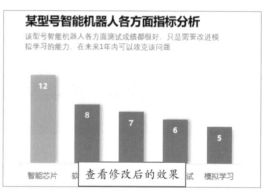

经过修改后图表更能清晰地展示数据，再回顾一下修改的过程，其实就是简化的过程，将数据墨水达到最大化。操作过程如下：

● 删除图表区和绘图区的背景；

● 去掉数据系列应用的效果；

● 统一数据系列的填充颜色；

● 突出最大数据系列；

● 删除图例、网格线和纵坐标轴；

● 设置数据标签；

● 设置标题文本；

● 设置图表其他文本并弱化。

其实通过以上操作制作的图表是扁平化风格的图表。

扁平化概念的核心意义是去除冗余、厚重和繁杂的装饰效果。而具体表现在去掉了多余的透视、纹理、渐变以及能做出3D效果的元素，这样可以让"信息"本身重新作为核心被突显出来。同时在设计元素上，则强调了抽象、极简和符号化。

扁平化风格是比较流行的风格，在美化图表时使用扁平化风格，可以让观者回归到信息数据本身，更多地关注图表要表达的观点。

7

第1章

第2章

第3章

第4章

第5章

第6章

第7章

第8章

第9章

第10章

第 章

常规图表的逆袭

　　针对一些复杂的数据或者追求图表更加完美，常规图表是无法做到的。本章将介绍常规图表的逆袭，主要是基于某一种图表类型进行演变，从而制作出更加炫酷的图表效果。例如，基于饼图可以制作出半圆或不规则的饼图、双层饼图；基于柱形图可以制作出柱形图中包含柱形图、流星效果的柱形图等形象化图表。

　　本章主要介绍常用图表的逆袭，例如柱形图、条形图、饼图和圆环图、折线图、散点图等。逆袭效果包括包含负值的柱形图、流星效果的柱形图、人形的柱形图、旋风图、甘特图、半圆饼图、双层饼图、分层折线图、阶梯图和风险矩阵分析图等。

7.1 柱形图的逆袭

扫码看视频

柱形图是一种以长方形的长度为变量的统计图表，通过长方形的长度不同展示数值的大小，一般用于显示各项之间的比较情况。

常规柱形图在前几章都展示过，本节将主要介绍柱形图的逆袭效果，它是基于柱形图而演变出来的。

7.1.1 包含负值的柱形图

在自动生成柱形图时，正数和负数的数据系列填充都是相同的颜色，在展示图表时最好将正负数填充不同颜色，观者可以轻松查看数据。包含负数的柱形中横坐标轴还需要相应地设置，下面介绍具体操作方法。

1. 设置正负数据系列填充不同颜色

Step 01 打开"最近10年企业投资与收益对比.xlsx"工作簿，其中收益数据包括负值。然后创建柱形图，如下图所示。

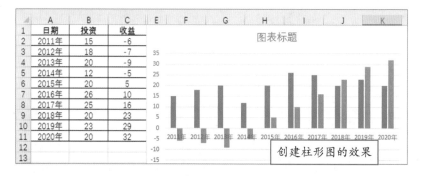

Step 02 选择"收益"数据系列，打开"设置数据系列格式"导航窗格，在"填充与线条"选项卡中勾选"填充"选项区域中"以互补色代表负值"复选框❶，在"颜色"右侧包含两个设置颜色的按钮，第1个设置正值的数据系列填充❷，第2个设置负值的数据系列填充❸，如下图所示。

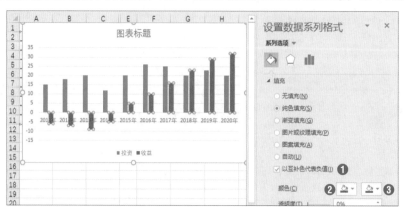

Step 03 然后设置"投资"数据系列填充颜色为蓝色。在"系列选项"选项卡中设置"系列重叠"为0%，"间隙宽度"为80%，柱形图的效果如下图所示。

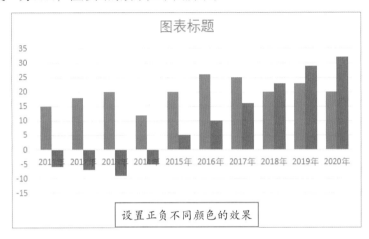

设置正负不同颜色的效果

2. 设置纵横坐标轴

Step 01 选择纵坐标轴，在"设置坐标轴格式"导航窗格中设置最小值为-10，单位大为5，然后在纵坐标轴上方添加文本框注明单位，如下图所示。

设置纵坐标轴的效果

Step 02 选择横坐标轴，在"设置坐标轴格式"导航窗格的"标签"选项区域中设置"标签位置"为"低"❶、"与坐标轴的距离"为50❷，如下图所示。

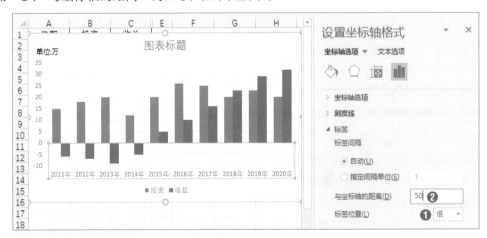

Step 03 设置完成后，横坐标轴位于下方。右击图表，在快捷菜单中选择"选择数据"命令，打开"选择数据源"对话框，单击"水平（分类）轴标签"选项区域中"编辑"按钮。打开"轴标签"对话框，单击"轴标签区域"折叠按钮，在工作表中选择准备好数据，如下图所示。

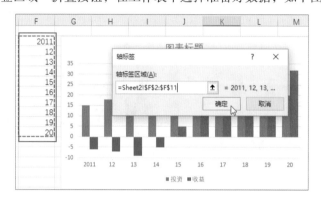

Step 04 依次单击"确定"按钮，图表中的横坐标轴更换为选中的单元格区域内的值。

3. 添加分析趋势线并美化图表

Step 01 选中图表，切换至"图表工具–设计"选项卡，单击"添加图表元素"下三角按钮，在列表中选择"趋势线>线性"选项，打开"添加趋势线"对话框，选择"投资"选项❶，单击"确定"按钮❷，如下左图所示。

Step 02 即可为"投资"数据系列添加趋势线，根据相同的方法添加"收益"趋势线，并设置颜色和宽度，效果如下右图所示。

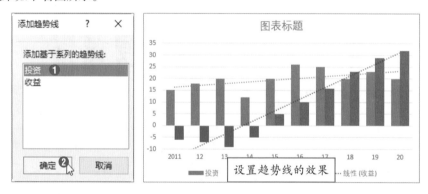

Step 03 然后在图表中添加文本框，输入说明性的文本并设置文本格式，适当旋转文本框使其分别与两条趋势线平行，如下图所示。

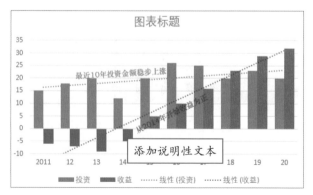

Step 04 为图表添加标题文本，并设置标题的格式，制作包含负值的柱形图效果如下图所示。

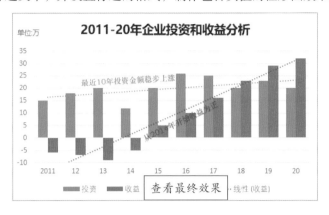

7.1.2 制作柱形图包含柱形图的效果

在柱形图中制作柱形图可以有效比较两组数据的大小、在总数据中比较各分数据的大小、对柱形图中数据系列进行分类等。

在本书的第一章中1.1节中介绍修改图表的效果就是通过柱形图中包含柱形图比较完成值与目标值的大小，如下图所示。

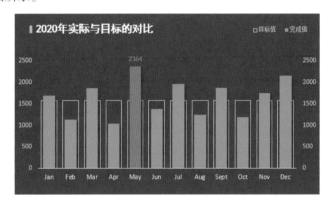

在总数据中比较各分数据的大小，可以比较总数据大小的同时还可以分析内部数据。例如，手机卖场按季度统计全年的销售数量，将年销售数量的数据系列变宽，并容纳4个季度的数据系列，效果如下图所示。

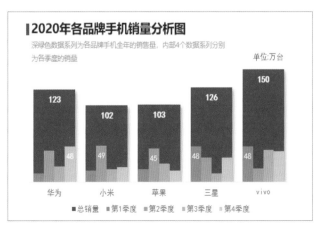

以上介绍两种在柱形图中制作柱形图的效果，读者可以根据以下介绍的具体操作方法尝试制作，也可以关注"未蓝文化"微信服务号进行交流。相信通过本节学习用户还可以制作出更多类似的效果。

某企业统计4个地区产品供应量前3个省的数据，下面通过在柱形图中制作图形图的方法，按地区展示数据，下面介绍具体操作方法。

1. 对数据排序并添加辅助数据

Step 01 打开"2020年各地区重点省份供应量.xls"工作簿，将光标定位在数据表格的任意单元格中❶，切换至"数据"选项卡❷，单击"排序和筛选"选项组中"排序"按钮❸，如下左图所示。

Step 02 打开"排序"对话框，设置"主要关键字"为"地区"、"次序"为"升序"❶，单击"添加条件"按钮❷，设置"次要关键字"为"数量"、"次序"为"降序"❸，单击"确定"按钮❹，如下右图所示。

Step 03 然后在数据表格右侧添加辅助数据，最大值根据需要设置，此处200为略大于数量的最大值，如下图所示。

	A	B	C	D	E	F
1	地区	省	数量	辅助		单位:万台
2	东北	内蒙古	170	200		
3	东北	吉林	78	200		
4	东北	辽宁	56	200		
5	华北	北京	187	150		
6	华北	河北	97	150		
7	华北	山东	69	150		
8	华南	广东	130	100		
9	华南	河南	77	100		
10	华南	湖北	59	100		
11	西北	新疆	149	50		
12	西北	山西	110		添加辅助数据	
13	西北	青海	62			

Tips

提示 | 调整数据的作用

在本案例中对地区进行排序，可以将相同地区的数据放在一起，然后将同地区的数据进行排序，方便比较数据大小。添加递减的辅助数据主要是设置不同地区背景的高度不同，方便比较各地区的数据。用户也可以设置相同的辅助数据，为不同地区填充不同的背景颜色以区分。

2. 制作柱中柱的效果

Step 01 选择B1:D13单元格区域，切换至"插入"选项卡，在"图表"选项组中插入柱形图，效果如下图所示。

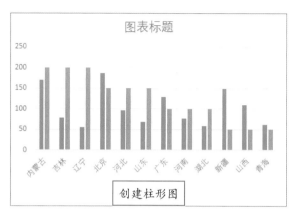

创建柱形图

Step 02 选择"数量"数据系列，打开"设置数据系列格式"导航窗格，在"系列选项"选项区域中选中"次坐标轴"，设置"间隙宽度"为80%，效果如下图所示。

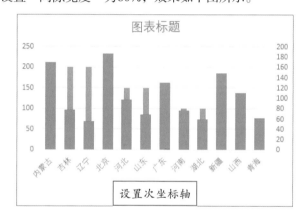

设置次坐标轴

Step 03 选择"辅助"数据系列，在"设置数据系列格式"导航窗格中设置"间隙宽度"为0，即可将"辅助"数据系列重合排列，如下左图所示。

Step 04 设置主次坐标轴的刻度和单位都一致，然后设置"辅助"数据系列的填充颜色为浅灰色。适当调整图表的大小，使横坐标轴横向显示，效果如下右图所示。

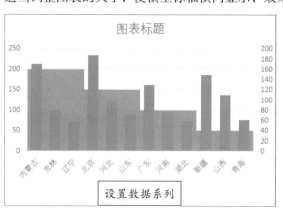

设置数据系列

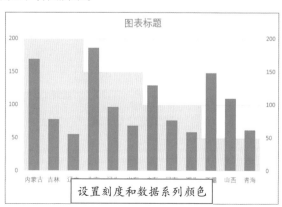

设置刻度和数据系列颜色

Step 05 然后对图表进行美化，如添加标题设置格式、添加说明性文本、单位和数据来源，然后设置数据系列的颜色，为了突出各地区的最大值为数据系列填充不同的颜色，添加数据标签并设置格式。最后删除主次纵坐标轴和网格线，效果如下图所示。

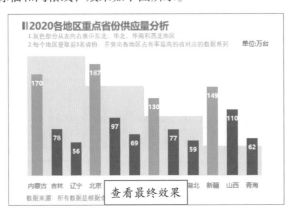

Tips

提示 | 设置多项数据系列为次坐标轴

如果需要设置多项数据系列为次坐标轴时，除了在"设置数据系列格式"导航窗格中设置外，用户还可以在"更改图表类型"对话框中设置。选中"组合图"选项，在系列名称的右侧勾选"次坐标轴"复选框即可。

7.1.3 标注最高数据系列

突出显示图表的特殊值可以快速吸引观者的眼球，抓住图表的重要信息。在制作普通的柱形图时，直接对数据排序然后为最高数据系列填充不同的颜色即可，如下左图和下右图所示。

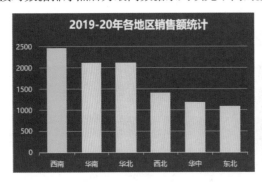
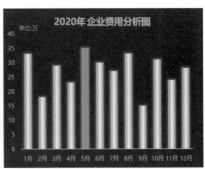

当数据比较多，不容易区分数据的特殊值时，或者在以后介绍的动态图表中显示最值时，无法根据上述方法分别填充特殊数据系列。

例如，在动态图表中如果填充最高值的数据系列后，当数据发生变化，只会填充该位置的数据系列，而不会自动搜索变化后的最高数据系列再填充颜色。下面介绍通过添加辅助数据自动为最高数据系列填充不同的颜色。

1. 添加辅助数据

在C列添加"辅助数据"列，然后在C2单元格中输入函数公式"=IF(B2=MAX($B$2:$B$13), B2,#N/A)"，按Enter键执行计算，并向下填充至C13单元格，如下图所示。

	A	B	C	D	E	F	G
			=IF(B2=MAX($B$2:$B$13),B2,#N/A)				
1	月份	接单数量	辅助数据				
2	1月	14	#N/A				
3	2月	139	#N/A				
4	3月	123	#N/A				
5	4月	149	149				
6	5月	121	#N/A				
7	6月	140	#N/A				
8	7月	101	#N/A				
9	8月	124	#N/A				
10	9月	114	#N/A				
11	10月	105	#N/A				
12	11月	135	#N/A	创建辅助数据			
13	12月	116	#N/A				

Tips

提示 | 函数公式的含义

本案例中 "=IF(B2=MAX($B$2:$B$13),B2,#N/A)" 函数公式，是使用IF和MAX函数判断B2单元格中的接单数量是否是一年中最大值，如果是在C2单元格中显示B2单元格中的值，如果不是则显示 "#N/A" 错误值。本公式中需要注意在MAX函数中的参数为绝对引用，否会计算出错误的结果。

2. 插入柱形图后设置

Step 01 将光标定位在数据表格中，在"插入"选项卡中插入柱形图，在图表中的"辅助数据"数据系列只显示最高的柱形，如下图所示。

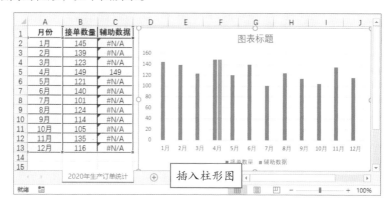

Step 02 选择"接单数量"数据系列，在"设置数据系列格式"导航窗格中设置"间隙宽度"为100%。再设置"辅助数据"数据系列为"次坐标轴"❶，"间隙宽度"也为100%❷，如下图所示。

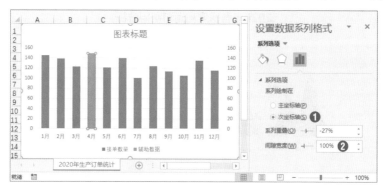

Step 03 此时两组数据系列重合在一起，4月份的生产订单数量最多。因为图表中只包含一个图例，所以删除图例。选中"辅助数据"数据系列的4月，添加数据标签并设置文本格式，如下左图所示。

Step 04 然后分别设置两组数据系列的填充颜色，为了突出最大值的数据系列可以为其填充不同的颜色，效果如下右图所示。

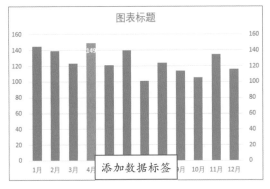 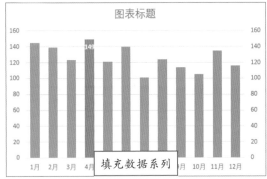

Step 05 删除次坐标轴，调整绘图区的位置，添加图表标题和数据来源，再进行适当美化操作，最终效果如下图所示。

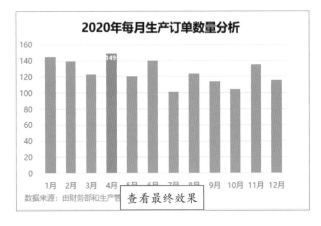

7.1.4　流星效果的柱形图

　　插入柱形图默认的数据系列是长方形，使用太多普通的柱形图时未免会略显乏味。此时可以更改数据系列的形状，会得到意想不到的效果。例如将柱形图中的数据系列更改为小山的形状，并填充不同的颜色，也可以设置颜色的不透明度，效果如下图所示。

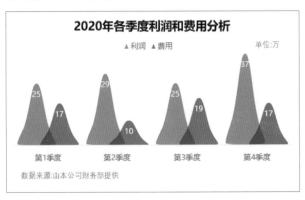

以上图表制作比较简单，首先绘制好三角形并右击，在快捷菜单中选择"编辑顶点"命令，调整三角形顶点编辑形状。然后复制编辑的形状，再选择数据系列按"Ctrl+V"组合键即可。下面通过该方法制作流星效果的柱形图。

Step 01 将费用的数据全部修改为负数，然后分别将利润和费用的数据进行拆分，如下图所示。

	A	B	C
1		利润	费用
2	1月	25	-17
3	2月	29	-10
4	3月	25	-19
5	4月	37	-17
6	5月	32	-10
7	6月	38	-18
8	7月	41	-19
9	8月	50	-20
10	9月	32	-16
11	10月	45	-18
12	11月	27	-11
13	12月	41	-11

	A	B	C	D	E	F	G
1		利润	辅助1	辅助2	费用	辅助数据1	辅助数据2
2	1月	25	20	5	-17	-12	-5
3	2月	29	24	5	-10	-5	-5
4	3月	25	20	5	-19	-14	-5
5	4月	37	32	5	-17	-12	-5
6	5月	32	27	5	-10	-5	-5
7	6月	38	33	5	-18	-13	-5
8	7月	41	36	5	-19	-14	-5
9	8月	50	45	5	-20	-15	-5
10	9月	32	27	5	-16	-11	-5
11	10月	45	40	5	-18	-13	-5
12	11月	27	22	5	-11	-6	-5
13	12月	41	36	5	-11	-6	-5

折分数据

Tips

提示 | 调试拆分数据

在拆分数据时其中利润包含数字5，费用包含-5，这是因为需要将该部分数据系列更改为圆形，需要经过多次调试在图表中显示正圆形时就得到5的数字。如果不使用辅助数据，直接复制形状会导致圆形变形，如下图所示。

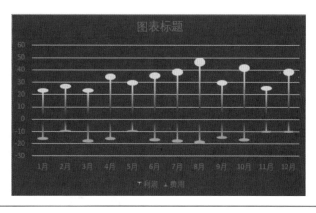

Step 02 在数据表格中选择A1:A13、C1:D13和F1:G13单元格区域，然后插入堆积柱形图，在横坐标轴上方表示利润，在横坐标轴下方表示费用，如下图所示。

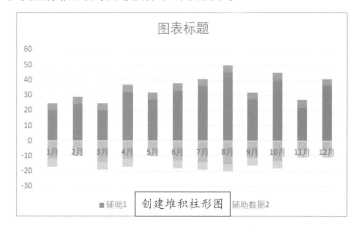

Step 03 在工作表中按住Shift键绘制正圆形并设置填充颜色为黄色，复制一份填充浅洋红色。绘制向下箭头的直线，设置从下向上为深蓝到黄色的渐变，再绘制一条向上箭头的直线，设置成从上向下为深蓝色到浅洋红色的渐变，如下左图所示。

Step 04 复制向下带箭头直线，在图表中选中"辅助1"的数据系列，按"Ctrl+V"组合键，即可将原蓝色矩形更换成向下带箭头的直线，如下右图所示。

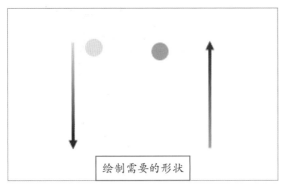

绘制需要的形状

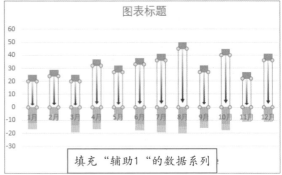

填充"辅助1"的数据系列

Step 05 根据相同的方法将黄色圆形复制到橙色数据系列，分别将向下箭头和浅洋红色正圆复制到费用的辅助数据系列上，效果如下左图所示。

Step 06 接着删除图例，然后为图表区填充深蓝色，注意，图表区的颜色与箭头直线的深蓝色相同，如下右图所示。

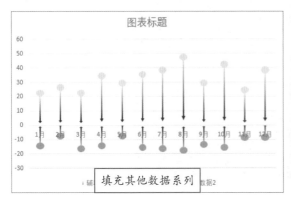

填充其他数据系列

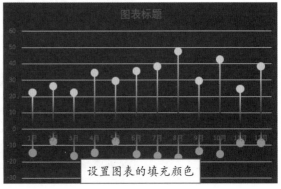

设置图表的填充颜色

Step 07 选择横坐标轴，在"设置坐标轴格式"导航窗格的"标签"选项区域中设置标签位置为"低"，横坐标轴在绘图区的下方显示，不影响数据系列的显示，如下图所示。

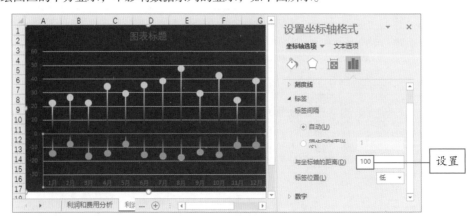

设置

Step 08 然后添加图表的标题和单位，效果如下左图所示。

Step 09 选择图表中黄色圆形系列，在"图表工具-设计"选项卡中添加数据标签，可见只显示"辅助2"列数据的内容，如下右图所示。

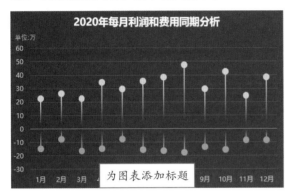

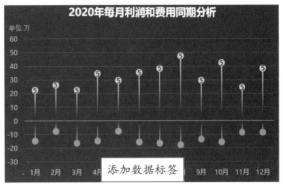

Step 10 选择添加的数据标签，在"设置数据标签格式"导航窗格的"标签选项"选项区域中取消勾选"值"复选框❶，勾选"单元格中的值"复选框❷。同时打开"数据标签区域"对话框，单击折叠按钮，在工作表中选择"利润"列的数据❸，单击"确定"按钮❹，如下图所示。

Step 11 即可显示每个月的利润数值，根据相同的方法为费用添加数据标签，然后删除纵坐标轴和网格线。用户还可以根据需要对其进行美化，效果如下图所示。

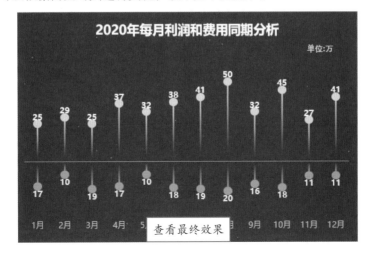

7.1.5 制作人形的柱形图

在PowerPoint中展示图表时，经常使用图表+形状的方式更加形象地展示数据，如下图所示。

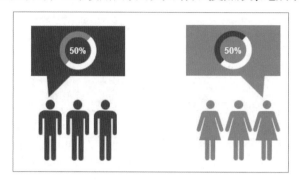

在Excel中可以直接通过复制粘贴功能制作人形的柱形图效果，在上一节介绍的是形状，本节将使用图片填充数据系列，下面介绍具体操作方法。

`Step 01` 在制作图表之前，首先准备好几张png格式的图片，如下图所示。

准备图片

`Step 02` 在统计的数据下方添加辅助数据，如下左图所示。

`Step 03` 选择数据区域任意单元格，插入柱形图。需要将两组辅助数据的数据系列分别移到另外两组数据系列中，选中图表❶，单击"图表工具–设计"选项卡❷中"切换行/列"按钮❸，如下右图所示。

Step 04 分别设置图表中"男"和"女"数据系列为"次坐标轴",然后分别设置主次坐标轴上数据系列的"间隙宽度"为100%,并且设置主次坐标轴刻度保持一致,效果如下图所示。

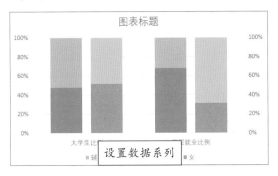

Step 05 复制灰色的男图片,在图表中选中"辅助数据1"数据系列,按Ctrl+V组合键粘贴❶,在"设置数据系列格式"导航窗格的"填充与线条"选项卡中选中"层叠并缩放"单选按钮❷,效果如下图所示。

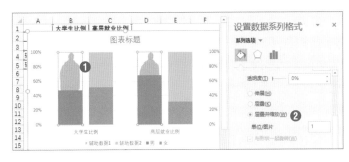

Step 06 根据相同的方法为其他数据系列填充相应的图表,并添加数据标签,再进行适当美化操作,效果如下图所示。

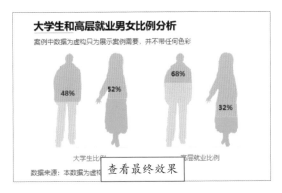

通过复制粘贴功能可以将柱形图实现百变的效果,下图就是使用柱形图制作完成率占比的效果。有兴趣的读者可以自己先研究制作,在第10章会介绍该图表的制作方法。

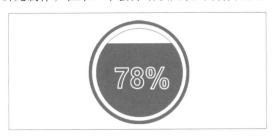

7.2 条形图的逆袭

扫码看视频

条形图是用宽度相同的条形的长短来表示数据大小的图形，其实在制作柱形图时，如果感觉比较别扭，可以试试条形图，效果会更好点。在之前章节中介绍常规的条形图，本节将介绍几种条形图的逆袭效果。

7.2.1 为包含负值条形图设置坐标轴

当数据中包含负值时，创建的条形图分散在坐标轴的两侧，此时坐标轴的位置不容易调整，如果在中间会影响数据系列的显示，如果在两侧离数据系列太远容易看错。下面介绍解决该问题的方法。

1. 添加辅助数据创建条形图

为负值条形图设置坐标轴的思路是在数据系列相反的位置添加类别名称作为坐标轴，这样可以清晰表示各数据系列的名称。所以需要添加相反的辅助数据，下面介绍具体操作方法。

Step 01 在C列添加"辅助数据"列，然后复制B列的数据，并将数据的正负号更改为相反的符号，如下图所示。

	A	B	C
1	省份	人员流动数量	辅助数据
2	黑龙江省分公司	10	-10
3	河北省分公司	20	-20
4	江西省分公司	-5	5
5	浙江省分公司	12	-12
6	广东省分公司	-12	12
7	江苏省分公司	-9	9
8	内蒙古分公司	15	-15
9	山西省分公司	20	-20
10	四川省分公司	-20	20
11	湖南省分公司	13	-13
12	甘肃省分公司	-6	6
13	湖北省分	创建辅助数据	-9
14	辽宁省分		10

Step 02 将光标定位在数据表格中任意单元格，创建条形图，可见纵坐标轴严重影响图表的显示效果，选择纵坐标轴将其删除，然后再删除图例，条形图如下图所示。

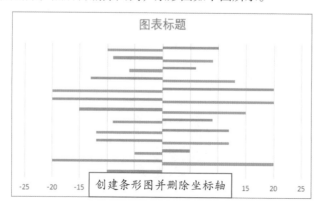

2. 将辅助数据系列设置为坐标轴

接下来需要将辅助数据系列添加数据标签作为坐标轴，首先要设置坐标轴左右两的数据系列重叠，下面介绍具体操作方法。

Step 01 选择辅助的数据系列❶，打开"设置数据系列格式"导航窗格，在"系列选项"选项区域中设置"系列重叠"为100%❷，"间隙宽度"为50%❸，如下图所示。

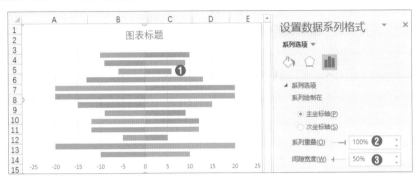

Step 02 保持辅助数据系列为选中状态，在"图表工具–设计"选项卡中单击"添加图表元素"下三角按钮，在列表中选择"数据标签>轴内侧"选项，即可添加数据标签，效果如下左图所示。

Step 03 选择数据标签，在"设置数据标签格式"导航窗格的"标签选项"选项区域中只勾选"类别名称"复选框，并在"填充与线条"选项卡中设置辅助数据系列为无填充和无轮廓，效果如下右图所示。

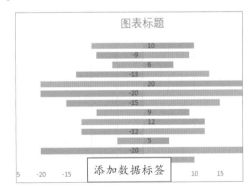
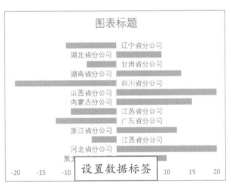

Step 04 设置图表的标题、图表的文本以及正负的数据系列的颜色，美化后的图表如下图所示。

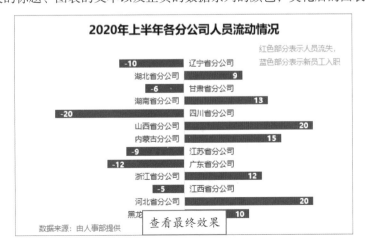

对条形图表的美化还可以更形象化，例如将商务人士的剪影作为条形图的数据系列，效果如下图所示。

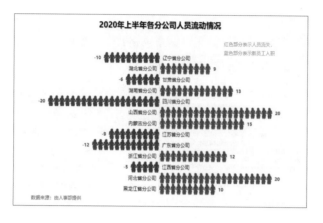

7.2.2 旋风图

条形图通常用来制作多项目对比关系，当对两组数据进行比较时可以根据柱形图制作柱形图的方法制作条形图中包含条形图，效果如下图所示。

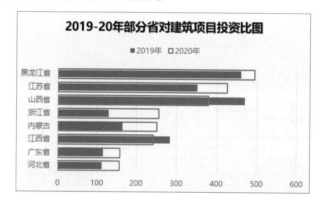

本节将介绍使用旋风图比较两组数据，是将两组数据分别放在纵坐标轴两侧，同类别的数据系列相对，可以更好地显示对比效果。在Excel中可以通过条形图或堆积条形图创建旋风图，下面介绍具体操作方法。

1. 通过条形图创建旋风图

Step 01 打开"旋风图的实例数据.xlsx"工作簿，切换至"通过条形图创建旋风图"工作表，根据原始数据创建条形图，如下图所示。

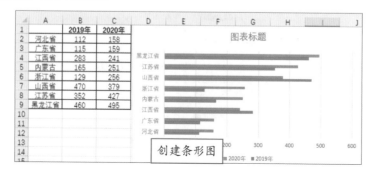

Step 02 选择"2019年"数据系列，在"设置数据系列格式"导航窗格的"系列选项"选项区域中选中"次坐标轴"单选按钮。然后选择次坐标轴❶，在导航窗格中设置最小值为-600❷，最大值为600❸，单位为200❹，如下图所示。

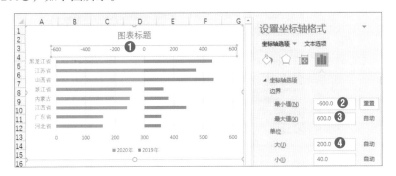

Step 03 保持次坐标轴为选中状态，在导航窗格的"坐标轴选项"选项区域中勾选"逆序刻度值"复选框，然后再设置主横坐标的最小值、最大值、单位和次坐标轴一致，即可完成旋风图表的制作，如下图所示。

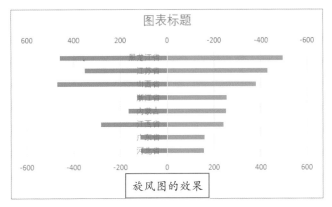

Step 04 将图表中多余的元素删除，添加数据标签和标题并设置格式，然后适当美化图表，效果如下图所示。

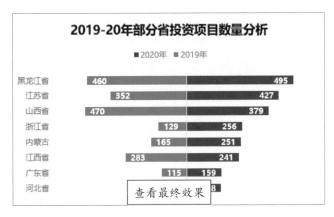

通过条形图制作旋风图的思路，我们还可以制作成数据系列是相对着的形成一个矩形旋风图，如下图所示。制作矩形旋风图对次要水平坐标轴和主要水平坐标轴的值设置有要求，其他操作和旋风图一样，此处不再介绍。

第

7

章

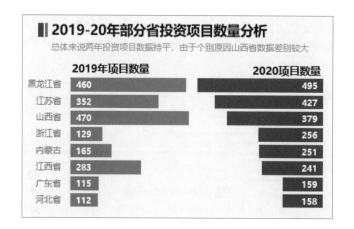

2. 通过堆积条形图制作旋风图

通过堆积条形图制作旋风图主要是解决纵坐标轴显示问题，可以将纵坐标轴的类别名称显示在旋风图的中间，这样更容易比较数据。

通过堆积条形图在中间添加坐标轴的思路是添加辅助数据列，然后通过添加数据标签的方法制作纵坐标轴，下面介绍具体操作方法。

Step 01 切换至"通过堆积条形图制作旋风图"工作表，将2019年的数据前全部添加"–"负号。在2019和2020列之间添加辅助数据，值为200，这个值是需要通过创建旋风图后调试出来的，根据数据的不同而不同。然后创建堆积条形图，效果如下图所示。

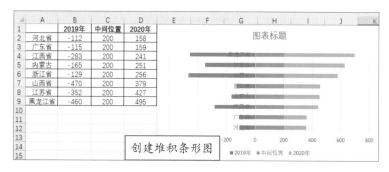

Step 02 选择横坐标轴，在"设置坐标轴格式"导航窗格的"坐标轴选项"选项区域中设置最小值为–800，最大值为800，然后删除纵坐标轴和图例，如下左图所示。

Step 03 选择中间数据系列，在"图表工具-设计"选项卡中添加数据系列，在"设置数据标签格式"导航窗格的"标签选项"选项区域中设置只显示"类别名称"。接着在"填充与线条"选项卡中设置中间数据系列为无填充和无轮廓，效果如下右图所示。

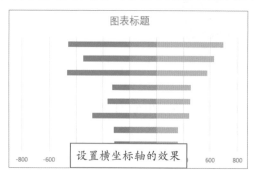

设置横坐标轴的效果

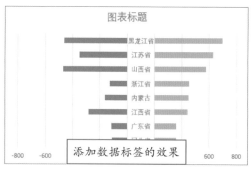

添加数据标签的效果

Step 04 旋风图制作完成，根据需要对图表进行美化，美化效果仅供参考，如下图所示。

7.2.3 甘特图

　　甘特图以图形通过活动列表和时间刻度表示出特定项目的顺序与持续时间。甘特图中，横坐标轴表示时间，纵坐标轴表示项目，线条表示期间计划和实际完成情况。便于管理者弄清项目的剩余任务，评估工作进度。

　　例如，某企业投资某建筑项目，需要5个阶段完成，分别为确定项目、立项决策、勘察设计文件、建筑安装、竣工验收和交付结束。每个阶段根据时间安排完成时间以及可以延期的天数，下面通过甘特图将相关信息清晰地展示出来。

Step 01 首先需要添加辅助数据，辅助数据的作用是为了更好地美化图表，其中"辅助数据2"和"辅助数据4"中的数据需要多次尝试得出的结果，主要是使用数据系列两端呈现半圆形。"辅助数据1"为"项目天数"列数据减去4，"辅助数据3"为"延期天数"列数据减去4，如下图所示。

	A	B	C	D	E
1	项目阶段	开始时间	项目天数	延期天数	各阶段完成时间
2	确定项目	2020/1/2	20	8	2020/1/30
3	立项决策	2020/1/30	18	6	2020/2/23
4	勘察设计文件	2020/2/23	32	10	2020/4/5
5	建筑安装	2020/4/5	90	20	2020/7/24
6	竣工验收	2020/7/24	15	8	2020/8/16
7	交付结束	2020/8/16	23	9	2020/9/17

	A	B	C	D	E	F	G	H	I
1	项目阶段	开始时间	辅助数据1	辅助数据2	辅助数据3	辅助数据4	项目天数	延期天数	各阶段完成时间
2	确定项目	2020/1/2	16	4	4	4	20	8	2020/1/30
3	立项决策	2020/1/30	14	4	2	4	18	6	2020/2/23
4	勘察设计文件	2020/2/23	28	4	6	4	32	10	2020/4/5
5	建筑安装	2020/4/5	86	4	16	4	90	20	2020/7/24
6	竣工验收	2020/7/24	11	4			4	15	8	2020/8/16
7	交付结束	2020/8/16	19	4	创建辅助数据		4	23	9	2020/9/17

Step 02 选择A1:F7单元格区域，在"插入"选项卡中插入"堆积条形图"，效果如下图所示。

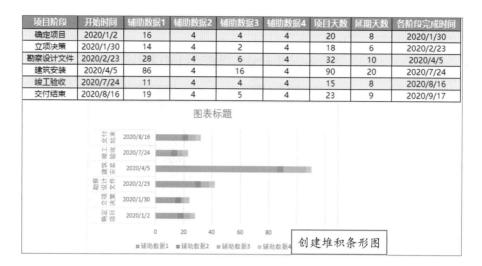

项目阶段	开始时间	辅助数据1	辅助数据2	辅助数据3	辅助数据4	项目天数	延期天数	各阶段完成时间
确定项目	2020/1/2	16	4	4	4	20	8	2020/1/30
立项决策	2020/1/30	14	4	2	4	18	6	2020/2/23
勘察设计文件	2020/2/23	28	4	6	4	32	10	2020/4/5
建筑安装	2020/4/5	86	4	16	4	90	20	2020/7/24
竣工验收	2020/7/24	11	4	4	4	15	8	2020/8/16
交付结束	2020/8/16	19	4	5	4	23	9	2020/9/17

创建堆积条形图

Step 03 右击图表，在快捷菜单中选择"选择数据"命令，打开"选择数据源"对话框，单击"水平（分类）轴标签"选项区域中"编辑"按钮。打开"轴标签区域"对话框，设置"轴标签区域"为A2:A7单元格区域❶，单击"确定"按钮❷，如下左图所示。

Step 04 返回"选择数据源"对话框，单击"图例项"选项区域中"添加"按钮，在打开"编辑数据系列"对话框中设置"系列名称"为B1单元格❶、"系列值"为B2:B7单元格区域❷，单击"确定"按钮❸，如下右图所示。

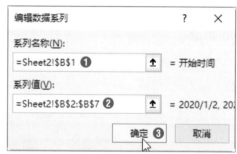

Step 05 返回"选择数据源"对话框，选中添加"开始时间"数据系列，单击"上移"按钮将其移到最上方，根据相同的方法将"辅助数据2"移到"辅助数据1"的上方，单击"确定"按钮，如下图所示。

调整数据系列的位置

Step 06 返回工作表中图表效果，如下图所示。

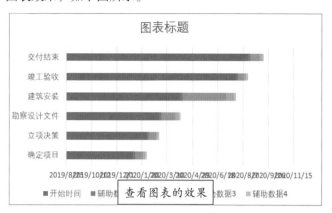

Step 07 选中纵坐标轴，在"设置坐标轴格式"导航窗格的"坐标轴选项"选项区域中勾选"逆序类别"复选框，可以让数据系列上下调换顺序，如下左图所示。

Step 08 返回工作表中将开始时间的最小值和结束时间的最大值，通过"设置单元格格式"对话框记录序号，如记录最小值的序号，如下右图所示。

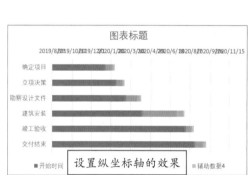

Step 09 选择横坐标轴，在"设置坐标轴格式"导航窗格中设置最小值和最大值，如下左图所示。

Step 10 选择"开始时间"数据系列，在"设置数据系列格式"导航窗格中设置无填充和无轮廓，效果如下右图所示。

Step 11 在工作表中绘制矩形和流程图延期形状，分别填充不同的颜色，其中灰色表示延期的天数，渐变色表示项目天数，如下左图所示。

Step 12 将不同的形状分别填充不同的数据系列，然后设置数据系列的间隙宽度为80%，用户也可以适当调整图表大小来调整效果，如下右图所示。

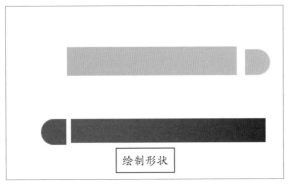

绘制形状

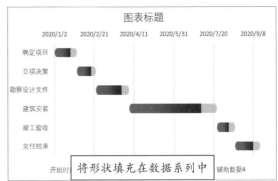

将形状填充在数据系列中

Step 13 最后对图表进行适当美化，效果如下图所示。

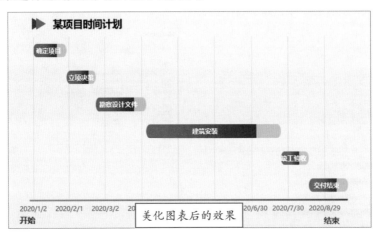

美化图表后的效果

在之前Excel老版本中没有漏斗图时，也是通过堆积条形图制作的，效果如下图所示。需要添加辅助数据来完成，具体操作本书不再详细介绍，读者可以直接使用Excel中的"漏斗图"功能。

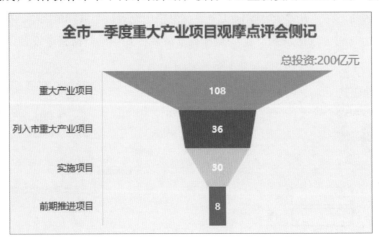

7.3 饼图和圆环图的逆袭

饼图显示一个数据系列中各项的大小与总和的比例，常规的饼图包括二维和3D饼图。本节将介绍饼图和圆环图的逆袭，如半圆饼图、扇形图、双层饼图等。

7.3.1 半圆饼图

饼图是常用的图表之一，但是总是使用整个圆形或圆环未免有点太单调、乏味。半圆图表其实就是将创建饼图的数据汇总添加一个扇区，使用时需要注意此时添加数据标签中的百分比不是正确的比例，因为添加了辅助数据。下面使用半圆饼图展示企业各项利润的比例，具体操作如下。

Step 01 打开"各项利润统计.xlsx"工作簿，在B6单元格中使用SUM函数对各项利润求和。然后将光标定位在表格中，切换至"插入"选项卡，创建二维饼图，如下图所示。

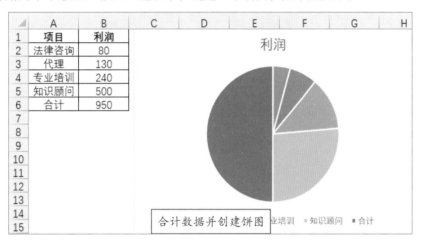

Step 02 选择饼图中扇区，打开"设置数据系列格式"导航窗格，在"系列选项"选项区域中设置"第一扇区起始角度"为270度。此时合计扇区位于下方，如下图所示。

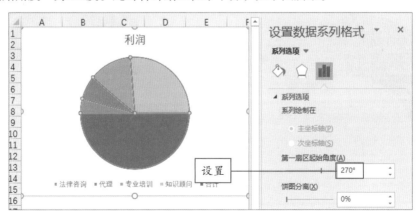

Step 03 选择"合计"扇区，在"设置数据点格式"导航窗格中设置无填充和无轮廓，效果如下图所示。

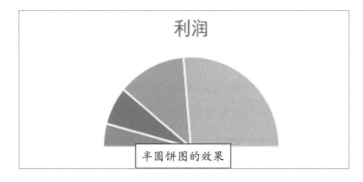

半圆饼图的效果

Step 04 最后适当对图表进行美化操作，填充图表区、各扇区，添加图表标题等，如下图所示。

查看最终效果

半圆饼图制作完成后，半圆的扇形也就能制作了，用户可以根据需要设置圆环的大小，此处不再详细介绍，读者可以参考下左图制作。

掌握制作方法和技巧后，我们可举一反三，例如制作四分之三的圆环图等。同时也可以将各扇区分离，更有利与比较数据，如下右图所示。

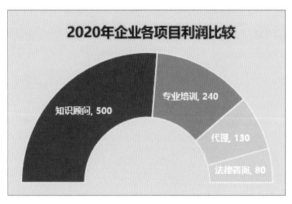

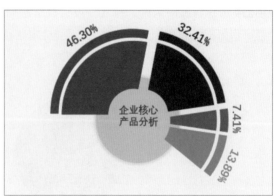

7.3.2 制作百分比圆环图

制作百分比圆环图是通过圆环的进度条展示百分比，例如某项目的完成百分比。该图表是通过多系列圆环图制作而成的，下面介绍具体操作方法。

Step 01 打开"2020年上半年销售比例.xlsx"工作簿，创建3个辅助数据，并创建圆环图，如下图所示。

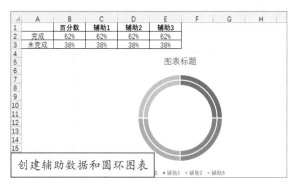

创建辅助数据和圆环图表

Step 02 选中图表，切换至"图表工具–设计"选项卡，单击"数据"选项组中"切换行/列"按钮，图表效果如下左图所示。

Step 03 选择任意圆环，在"设置数据系列格式"导航窗格的"系列选项"选项区域中设置"圆环图圆环大小"为83%，效果如下右图所示。

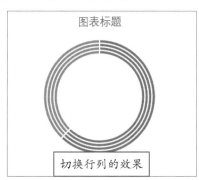

切换行列的效果

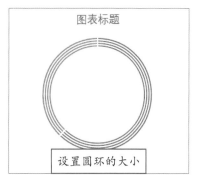

设置圆环的大小

Step 04 分别设置各圆环的填充颜色并设置无轮廓，其中最外侧圆环设置填充绿色，其他完成的圆环填充浅绿色，未完成的填充浅灰色，如下左图所示。用户可以根据自己的设计和制作效果填充不同的颜色。

Step 05 此时未完成填充浅灰色，效果不是很明显，选中最内侧圆环并为其添加偏右下的阴影效果，如下右图所示。

设置圆环的填充颜色

添加阴影效果

Step 06 在图表中插入文本框，输入完成百分比为62%，适当增加数字的字号并缩小百分号，将文本框移到圆图的中心位置。然后在图表标题中输入文本并设置文本格式，效果如下图所示。

为以上图表各圆环填充不同的颜色可以制作出不同样式的效果，如下图所示。

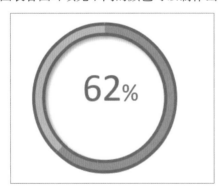
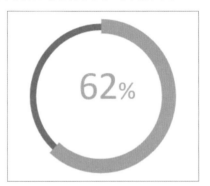

7.3.3　绘制多系列不规则的圆环图

以上介绍的多系列都是相同大小的数据，所以圆环也是规则的，下面介绍不规则圆环的设计，例如制作类似小船的不规则的圆环图，具体操作如下。

Step 01 打开"2020年各项目利润分配.xlsx"工作簿，在"比例"前添加辅助数据并插入圆环图，如下图所示。

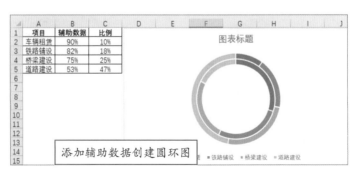

Step 02 选中图表，切换至"图表工具–设计"选项卡，单击"切换行/列"按钮。然后选择圆环，打开"设置数据系列格式"导航窗格，设置"第一扇区起始角度"为270度❶、"圆环图圆环大小"为60%❷，效果如下图所示。

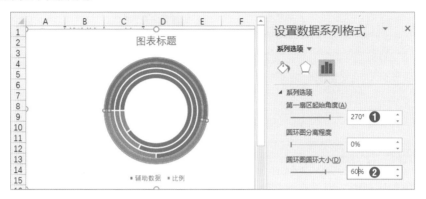

Step 03 将"辅助数据"的圆环设置为无填充和无轮廓。将"比例"的圆环设置成不同的颜色，效果如下图所示。

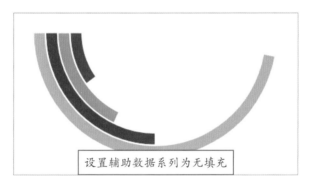

设置辅助数据系列为无填充

Step 04 在图表中绘制小正圆、直线和大点的正圆，为小正圆设置无填充、轮廓为圆环对应的颜色。直线和大点正圆都设置为对应的颜色，效果如下左图所示。

Step 05 然后在图表中添加相应的文本框并设置文本格式，效果如下右图所示。用户可以适当进行美化。

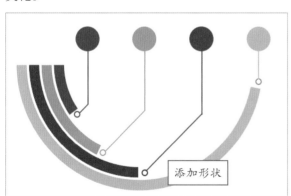

添加形状

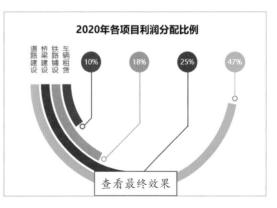

查看最终效果

学完多系列不规则圆环图制作后，读者可发挥创意制作其他类似的图表，下面提供两张仅供参考学习，如下图所示。

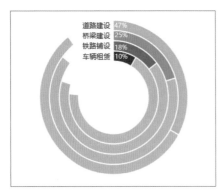 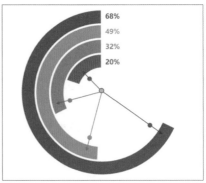

7.3.4 双层饼图

双层饼图类似圆环图，但没有圆环图中间的空白。当需要比较几大类和不同小类所占比时，可以使用双层饼图。使用双层饼图时，小类别和大类别是从属关系，可以同时比较各大类别之间的比例，也可以比较大类别中各小类别的比例。

例如，某企业统计2020年各地区省份的订单数据，其中包括4个地区，每个地区包含不同的省，下面介绍使用双层饼图展示数据的效果。

1. 创建饼图

Step 01 打开"2020年各地区重点省份供应量.xlsx"工作簿，选择B2:B14单元格区域，在"插入"选项卡中插入二维饼图，如下图所示。

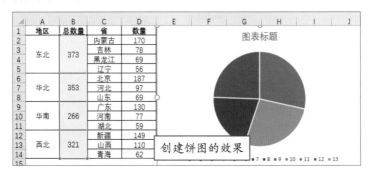

创建饼图的效果

Step 02 删除饼图中的图例，然后右击图表，在快捷菜单中选择"选择数据"命令。打开"选择数据源"对话框，单击"水平（分类）轴标签"选项区域中"编辑"按钮，在打开的对话框中设置轴标签区域为A2:A14单元格区域，如下图所示。

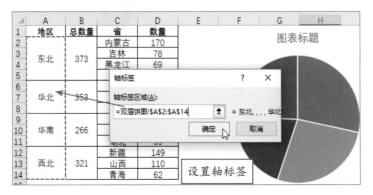

设置轴标签

Step 03 然后单击"图例项"选项区域中"编辑"按钮，在打开的"编辑数据系列"对话框中设置"系列名称"为A1单元格。单击"添加"按钮，打开"编辑数据系列"对话框，设置"系列名称"为C1单元格❶，"系列值"为D2:D14单元格❷，单击"确定"按钮❸，如下图所示。

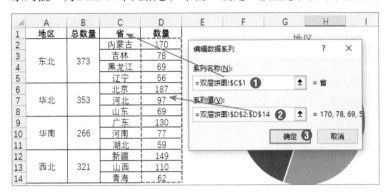

Step 04 返回"选择数据源"对话框，选择添加"省"系列，单击"水平（分类）轴标签"选项区域中"编辑"按钮，在打开的"轴标签"对话框中设置轴标签区域为C2:C14单元格区域，返回"选择数据源"对话框，可见添加"省"的数据，效果如下图所示。

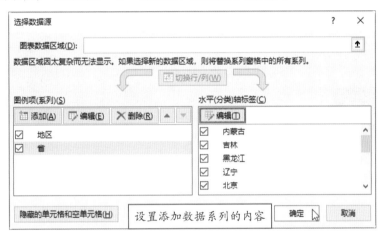

2. 设置双层饼图

Step 01 返回工作表中选择最外侧"地区"扇区❶，打开"设置数据系列格式"导航窗格，在"系列选项"选项区域中选中"次坐标轴"单选按钮❷。然后再设置"饼图分离"为25%❸，效果如下图所示。

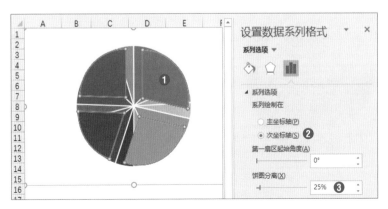

Step 02 然后逐个选择外侧扇区拖曳至中心位置，即可完成双层饼图的制作，外侧表示地区，内侧表示各省份，如下左图所示。

Step 03 最后对图表进行适当调整和美化，如下右图所示。

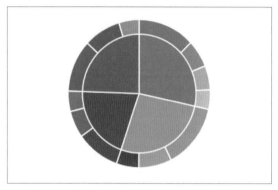 

通过双层饼图也可以突出展示某地区中各省份的数据，只需要设置两层饼图之间的大小关系即可。下面展示两组双层饼图的效果，如下图所示。有兴趣的读者可以自行制作。

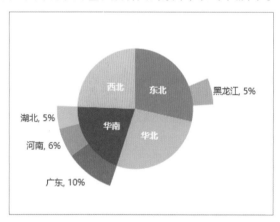 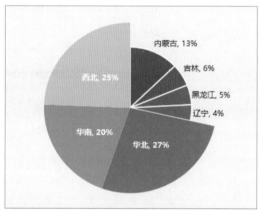

读者也可以将两层饼图使用复合图表表示，例如将地区使用饼图图表类型，省份使用圆环图表，效果如下左图所示。复合图表将在第8章介绍，此处只展示效果图。

在制作双层饼图时需要设置次坐标轴，然后再调整扇区的大小，根据这个思路也可以制作大小不同的扇区图表，如下右图所示。

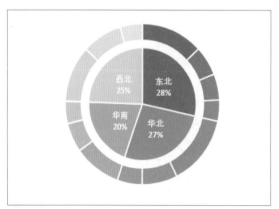 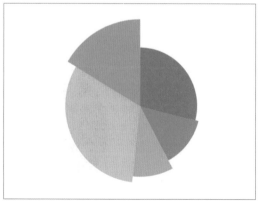

7.4 制作分层的折线图

扫码看视频

当我们使用折线图比较数据时，如果数据系列比较多无法清晰地展示数据，此时可以使用分层折线图比较数据。分层折线图是将多列数据分层显示，每层都有独立的纵坐标轴，而且纵坐标轴的刻度都相同。

例如，某企业统计3个生产小组每月的考核成绩，使用普通折线图展示考核成绩，如下图所示。虽然只有3条折线，但也无法清晰地比较各月考核成绩，使用分层折线图效果就不一样了。下面介绍使用分层折线图展示数据的具体操作。

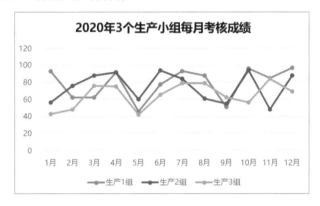

1. 创建辅助数据

分层折线图其实是将每组数据分别加上等差数值在不同高度显示折线，然后重新创建纵坐标轴，所以辅助数据包含两部分。

制作图表的辅助数据：每组的考核成绩都是100以内的，将3个小组分3层则第一层是从0~100，第二层是从100~200，第三层是从200~300。所以为第2层的考核成绩均加上100，第3层的考核成绩均加200。用户可以通过COLUMN函数公式自动添中数据。COLUMN函数返回单元格的列数，将列数乘以100再加上真实考核成绩就是制作图表的辅助数据。

模拟纵坐标轴：纵坐标轴总共分为3层，每层的刻度最大值都是100。本案例将每层刻度分为5份，主要是通过次坐标轴代替主坐标轴。在制作模拟纵坐标轴的"辅助数据"列的值可是任意值。

分析完成后创建分层折线图的辅助数据如下图所示。

月份	生产1组	生产2组	生产3组	纵坐标值	辅助数据	月份	生产1组	生产2组	生产3组
				模拟纵坐标轴		**制图表的数据**			
1月	93	56	43	0	0	1月	93	156	243
2月	62	76	48	20	0	2月	62	176	248
3月	62	88	76	40	0	3月	62	188	276
4月	92	92	75	60	0	4月	92	192	275
5月	46	60	42	80	0	5月	46	160	242
6月	77	94	65	100	0	6月	77	194	265
7月	93	84	79	20	0	7月	93	184	279
8月	88	61	79	40	0	8月	88	161	279
9月	51	55	62	60	0	9月	51	155	262
10月	96	94	56	80	0	10月	96	194	256
11月	85	48	84	100	0	11月	85	148	284
12月	97	88	69	20	0	12月	97	188	269
				40	0				
				60	0				
				80	0	创建辅助数据			
				100	0				

在J3单元格中公式为"=(COLUMN()-10)*100+B2",将公式向右填充到L3,再将J3:L3单元格区域中公式向下填充到L14单元格。

在创建模拟纵坐标轴时,需要输入数据"20、40、60、80、100",可以通过填充方法快速输入数据。在F3和F4单元格中输入0和20,然后拖曳两个单元格填充柄向下至F8单元格;选中F4:F8单元格区域,按住Ctrl键向下拖曳填充柄至F18单元格即可。

2. 创建折线图并添加辅助数据

Step 01 选择I3:L14单元格区域,在"插入"选项卡中插入"带数据标记的折线图",效果如下图所示。将折线分层展示就比较清晰。

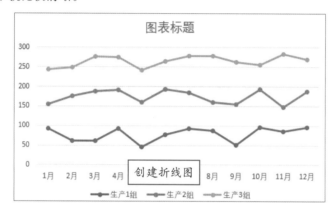

Step 02 选择纵坐标轴,打开"设置坐标轴格式"导航窗格,在"坐标轴选项"选项区域中设置边界最大值为300❶、单位大为100❷、单位小为20❸,如下左图所示。即可为设置每层高度为100,每层等差为20做准备。

Step 03 右击图表,在快捷菜单中选择"选择数据"命令,打开"选择数据源"对话框,单击"添加"按钮。打开"编辑数据系列"对话框,设置"系列名称"引用F1单元格❶、"系列值"引用G3:G18单元格区域❷,单击"确定"按钮❸,如下右图所示。

3. 创建模拟纵坐标轴

Step 01 右击图表,在快捷菜单中选择"更改图表类型"命令,在打开的对话框中设置"模拟纵坐标轴"数据系列为"簇状条形图"图表类型,并勾选右侧"次坐标轴"复选框❶;其他数据系列为"带数据标记的折线图"❷,单击"确定"按钮❸,如下图所示。

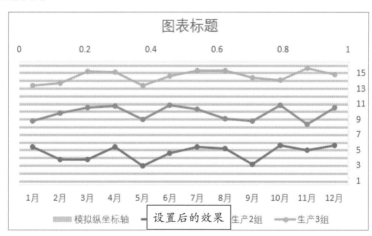

Step 02 在"图表工具–设计"选项卡中添加"次要纵坐标轴",则在绘图区右侧添加坐标轴,并显示条形图,如下图所示。

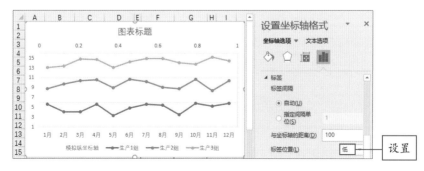

设置后的效果

Step 03 选中条形图设置无填充和无轮廓。选择次要纵坐标轴,在"设置坐标轴格式"导航窗格的"坐标轴选项"选项区域中选中"在刻度线上"单选按钮;在"标签"选项区域中设置"标签位置"为"低",即可将坐标轴从右侧移到左侧,然后再设置无轮廓,效果如下图所示。

设置

Step 04 右击图表，在快捷菜单中选择"选择数据"命令，在打开的"选择数据源"对话框中选择"模拟纵坐标轴"选项❶，单击"水平(分类)轴标签"选项区域中"编辑"按钮❷。打开"轴标签"对话框，设置"轴标签区域"引用F3:F18单元格区域❸，如下图所示。

Step 05 依次单击"确定"按钮，返回工作表中适当调整图表的大小，使纵坐标轴显示完整，如下左图所示。

Step 06 依删除次要水平坐标轴、将图例设置在图表的右侧并删除图例中"模拟纵坐标轴"，如下右图所示。

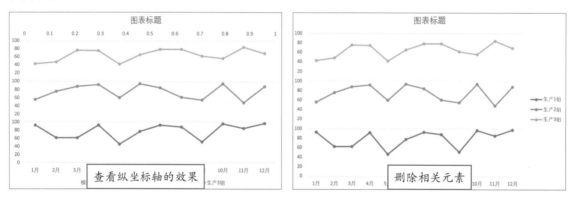

Step 07 为分层折线图设置各折线的颜色和标记点，再通过"单元格中的值"功能添加数据标签，最后设置折线为平滑显示，效果如下图所示。

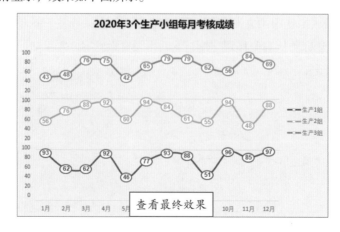

7.5 散点图的逆袭

散点图是指在回归分析中，数据点在直角坐标系平面上的分布图，散点图表示因变量随自变量而变化的大致趋势，据此可以选择合适的函数对数据点进行拟合。本节将介绍通过散点图制作纵向折线和阶梯效果的图表。

7.5.1 制作纵向折线图

通过折线图可以展示数据的变化趋势，普通的折线图是水平方向的，能否在纵向上使用折线图呢？当然可以，只是它是通过散点图衍化成折线图的。制作的过程比较复杂，首先需要创建条形图，然后更改为散点图，再设置X和Y轴即可生成纵向的折线图，下面介绍具体操作方法。

Step 01 打开"各生产小组每月考核成绩.xlsx"工作簿，在E列添加"辅助数据"列，然后创建条形图，如下图所示。

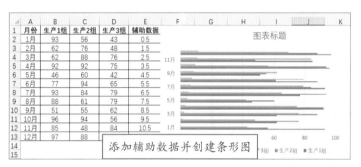

添加辅助数据并创建条形图

Step 02 选择生产小组任意数据系列并右击，在快捷菜单中选择"更改系列图表类型"命令，打开"更改图表类型"对话框，除"辅助数据"数据系列外其他均修改为"带直线和数据标记的散点图"类型❶，单击"确定"按钮❷，如下图所示。

Step 03 右击图表，在快捷菜单中选择"选择数据"命令，打开"选择数据源"对话框，选择"生产1组"系列❶，单击对应的"编辑"按钮❷，打开"编辑数据系列"对话框，设置"X轴系列值"引用B2:B13单元格区域❸，"Y轴系列值"引用E2:E13单元格区域❹，单击"确定"按钮❺，如下图所示。

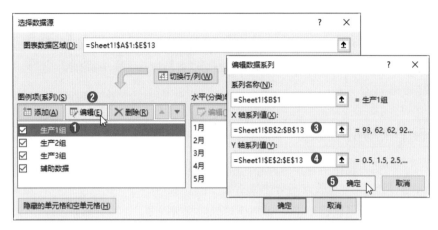

Step 04 返回工作表中可见"生产1组"变为纵向的折线效果，并显示在图表的下方，如下图所示。

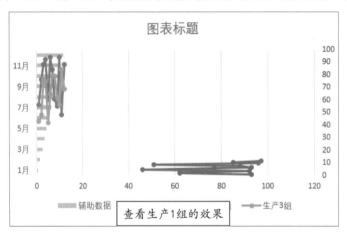

Step 05 根据相同的方法修改其两个生小组的数据，其中Y轴均为E2:E13单元格区域，"生产2组"的X轴引用C2:C13单元格区域、"生产3组"的X轴引用D2:D13单元格区域，图表的效果如下图所示。

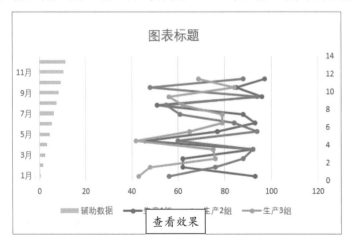

Step 06 删除图表中多余的元素，设置辅助数据条形图为无填充和无轮廓。为了让折线显示在图表的中间设置水平坐标轴的最大值为140，再将图例移到图表的上方，效果如下图所示。

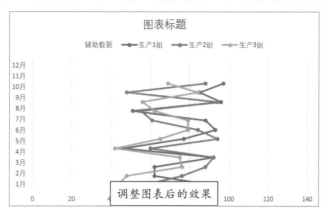

Step 07 选择纵坐标轴，在"设置坐标轴格式"导航窗格的"坐标轴选项"选项区域中勾选"逆序类别"复选框，使纵坐标轴从上到下显示1月到12月。接着设置水平坐标轴的"标签位置"为"高"，将其从上方移到下方，如下图所示。

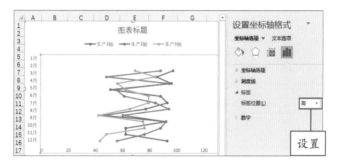

Step 08 设置折线为平滑线，并设置线条和标记的颜色，如下图所示。

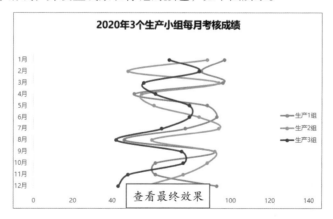

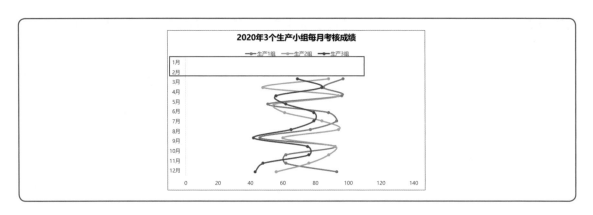

在图表中展示3条折线，还是不利于比较各生产小组的考核成绩，我们可以根据分层折线图的方法将纵向折线图也分层显示，效果如下图所示。

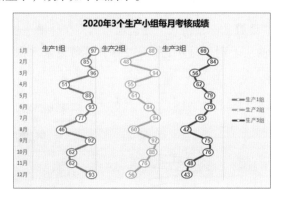

7.5.2 制作阶梯图

使用阶梯图可以展示从一个时间点到另一个时间点之间数据的变化过程。其变化不是平滑过渡，而是在一个时间点保持不变，在下一个时间点直接跳转到对应的数据，效果是阶梯形状。下面介绍具体的操作方法。

Step 01 打开"某员工月销量统计.xlsx"工作簿，在C列添加"误差线Y"的辅助值，C2单元格中公式为"=B3-B2"，向下填充到C12单元格，该数据用于设置Y轴误差线的长度；D列用于创建折线图，设置横坐标轴可以将散点在刻度线上显示，如下左图所示。

Step 02 选择A1:B13单元格区域，在"插入"选项卡中插入"散点图"，横坐标轴为数字，纵坐标轴为销量，如下右图所示。

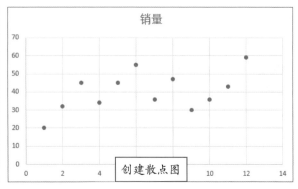

Step 03 右击图表，在快捷菜单中选择"选择数据"命令，打开"选择数据源"对话框，单击"图例项"选项区域中"添加"按钮❶。打开"编辑数据系列"对话框，设置"系列名称"引用D1单元格❷，单击"X轴系列值"折叠按钮，在工作表中选择A2:A13单元格区域❸。根据同样的方法设置"Y轴系列值"为D2:D13单元格区域❹，依次单击"确定"按钮❺，如下图所示。

Step 04 返回工作表中选择添加数据系列并右击，在快捷菜单中选择"更改系列图表类型"命令，打开"更改图表类型"对话框，设置"辅助数据"系列为"折线图"❶，单击"确定"按钮❷，如下图所示。

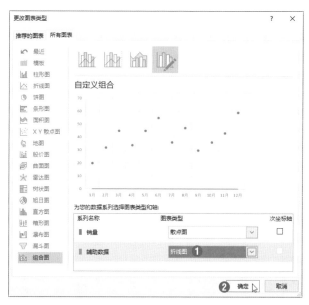

Step 05 返回工作表中可见图表的横坐标轴为月份，选择折线图，在"设置数据系列格式"导航窗格的"填充与线条"选项卡中选中"无线条"单选按钮，如下图所示。

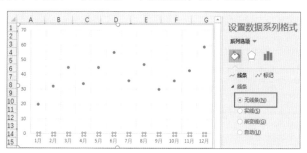

Step 06 选择横坐标轴❶，在"设置坐标轴格式"导航窗格的"坐标轴选项"选项区域中选中"在刻度线上"单选按钮❷，散点图中散点均在刻度线上方便制作阶梯效果，如下图所示。

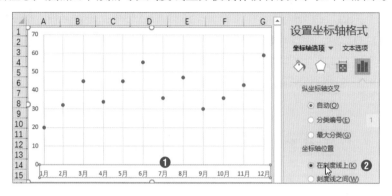

Step 07 选中图表，切换至"图表工具–设计"选项卡，单击"添加图表元素"下三角按钮，在列表中选择"误差线>标准误差"选项，在散点图中显示水平和垂直方向的误差线，如下图所示。

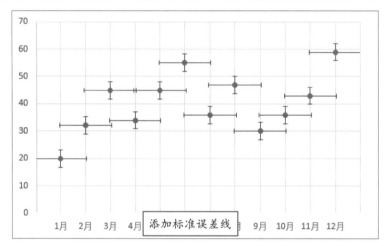

Step 08 选择水平方向的X误差线❶，在"设置误差线格式"导航窗格的"水平误差线"选项区域中选中"负偏差"❷和"无线端"单选按钮❸。在"误差量"选项区域选中"固定值"单选按钮，设置数据为1❹，如下图所示。

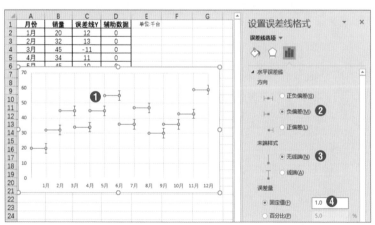

Step 09 选择垂直方向的误差线❶，在"设置误差线格式"导航窗格中设置"正偏差"❷和"无线端"❸，如下图所示。

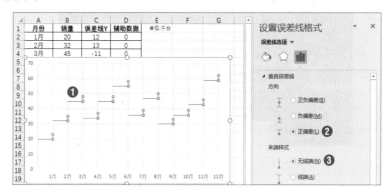

Step 10 在"误差量"选项区域中选择"自定义"单选按钮❶，单击右侧"指定值"按钮❷。打开"自定义错误栏"对话框，设置"正错误值"引用C2:C13单元格区域❸，单击"确定"按钮❹，如下图所示。

Step 11 设置完成后返回工作表中，可见阶梯图已经成形，线条均显示在网格线上，很整齐，如下图所示。

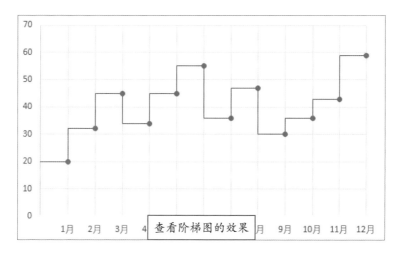

Step 12 选择标记点在"设置数据系列格式"导航窗格的"填充与线条"选项卡中选择"标记"，在"标记选项"选项区域中选择"无"单选按钮，即可清除标记点。然后添加图表标题，适当美化图表，效果如下图所示。

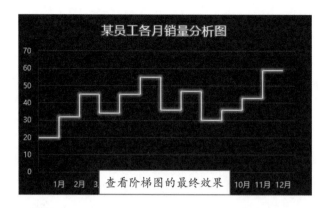

查看阶梯图的最终效果

根据制作阶梯图的思路，可以将散点图中各数据点分别向X轴和Y轴制作垂直线，这样可以有利于查看各数据的变量值，效果如下图所示。有兴趣的读者可以根据阶梯图自行制作。

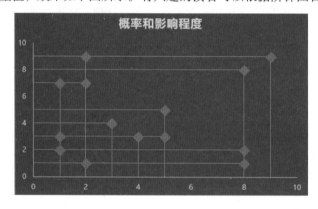

7.5.3　制作风险矩阵分析图

风险矩阵分析图是一种能够把危险发生的可能性和伤害的严重程度综合评估风险大小的定性的风险评估分析方法，主要用于风险评估领域。

风险矩阵法常用一个二维的表格对风险进行半定性分析，其优点是操作简便快捷，因此得到较为广泛的应用。本节将介绍使用Excel将风险矩阵法的表格用图表展示出来。

例如，某企业通过测试统计出概率和影响程度的数据，现在需要分析数据的风险。当概率和影响程度都很高时是非常严重；概率和影响程度比较小是安全的；在两者之间是正常的。

Step 01 打开"概率和影响风险矩阵分析.xlsx"工作簿，设置风险线和安全线的值。值是根据实际影响程度和概率的风险值决定的，本案例为虚拟数据，如下图所示。

	A	B	C	D	E	F	G	H	I
1	概率和影响的风险矩阵图								
2	风险	影响程度	概率		风险线			安全线	
3	T1	8	8		影响程度	概率		影响程度	概率
4	T2	2	1		6	10		2	4
5	T3	8	1		8	8		4	2
6	T4	2	7		10	6			
7	T5	3	4						
8	T6	4	3						
9	T7	8	2						
10	T8	1	2						
11	T9	5	5						
12	T10	5	3						
13	T11	1	7						
14	T12	2	9						
15	T13	3	4		创建辅助数据				
16	T14	1	3						
17	T15	9	9						

Step 02 选择A2:B17单元格区域，然后在"插入"选项卡中创建"散点图"，效果如下图所示。

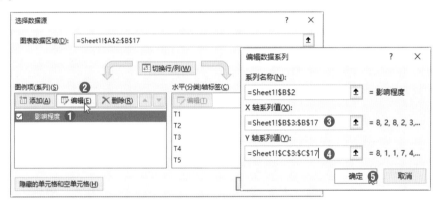

Step 03 默认散点图的X轴为A3:A17、Y轴为B3:B17，现在需要更改X和Y轴使影响程度和概率联系在一起。右击图表，在快捷菜单中选择"选择数据"命令，打开"选择数据源"对话框，选择"影响程度"系列❶，单击对应的"编辑"按钮❷。打开"编辑数据系列"对话框，设置"X轴系列值"引用B3:B17单元格区域❸、"Y轴系列值"引用C3:C17单元格区域❹，依次单击"确定"按钮❺，如下图所示。

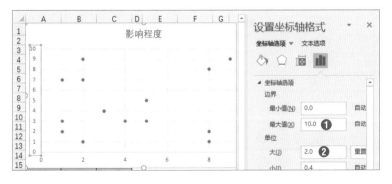

Step 04 返回工作表中，可见图表的横坐标轴和散点的分布发生了变化，设置纵坐标轴的最大值为10❶、单位大为2❷，如下图所示。

Step 05 接着添加风险线和安全线，右击图表，选择"选择数据"命令，在打开的对话框中单击"添加"按钮❶，打开"编辑数据系列"对话框，设置系列名称引用E2单元格❷、X轴引用E4: E6单元格区域❸、Y轴引用F4:F6单元格区域❹，如下图所示。

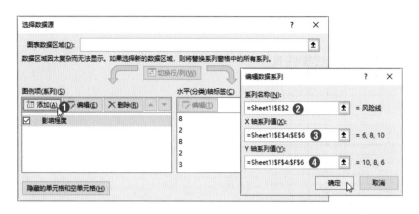

Step 06 单击"确定"按钮,返回"选择数据源"对话框,根据相同的方法添加安全线的相关数据,图表中添加相应的散点,如下图所示。

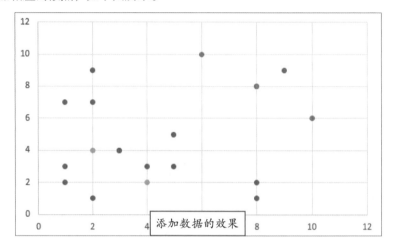

添加数据的效果

Step 07 设置纵横坐标轴的最大值为10。然后为风险线的散点添加"标准误差",选择水平误差线❶,在"设置误差线格式"导航窗格的"水平误差线"选项区域中选中"负偏差"❷和"无线端"单选按钮❸,设置误差量为2❹,如下图所示。

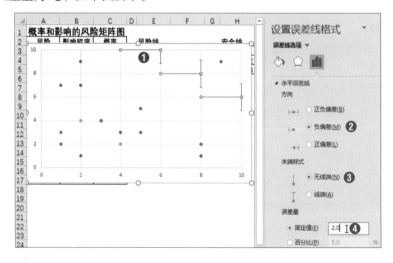

Step 08 选择垂直误差线，选择"负偏差"和"无线端"单选按钮，设置误差量为2，效果如下图所示。

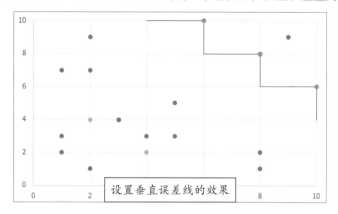

设置垂直误差线的效果

Step 09 选择标记点，在"设置数据系列格式"导航窗格的"标记选项"选项区域中选中"无"单选按钮，然后分别设置水平和垂直误差线的颜色和粗细，效果如下图所示。

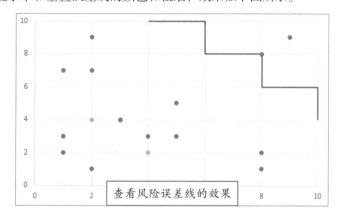

查看风险误差线的效果

Step 10 根据相同的方法设置安全线，并设置安全线的颜色为绿色。风险矩阵分析图已经成型，如下图所示。

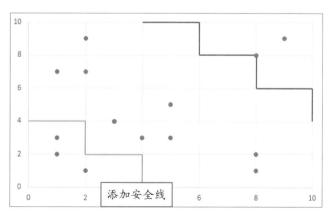

添加安全线

Step 11 为图表添加标题和纵横坐标轴标题，并设置标题文本的格式，设置纵坐标轴标题文本的方向，效果如下图所示。

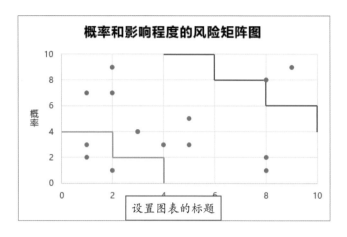

Step 12 设置绘图区和图表区填充不同的颜色，为纵横网格线填充白色。然后再设置标记点的格式并添加数据标签，如下图所示。

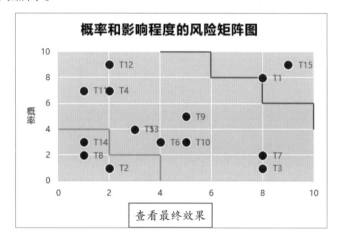

　　在风险矩阵图中红色风险线上方表示影响程度和概率值都很高，是最危险的；在绿色安全线下方是风险最低的；在安全线和风险线之间表示正常。

8
第 1 章
第 2 章
第 3 章
第 4 章
第 5 章
第 6 章
第 7 章
第 8 章
第 9 章
第 10 章

第　章

复合图表的应用

随着社会快速发展，图表的应用趋势也越趋近扁平化、简单化，但是为了能更直观地展示数据、表达数据的含义，或者更加形象地表达观点，可以使用一些较为复杂点的复合图表。复合图表是使用两种常规图表制作而成的，它能更清晰地传递数据信息。例如，本章8.2.2节中使用折线图和柱形图展示过去、现在和未来的数据，8.3.2节中使用滑珠图比较两年的销量等。

本章主要介绍3种复合图表6种图表类型的复合，包括饼图和圆环图、柱形图和折线图、条形图和散点的复合。通过两种图表类型的复合，可以制作出仪表盘图表、滑珠图等非常炫酷的效果。

8.1 饼图和圆环图的复合图表

制作饼图和圆环图时不宜使用太多的数据系列，如果必须展示多条数据，可以使用复合饼图。饼图和圆环图结合能更加清晰地展示数据，也能制作出更加炫酷的图表。

8.1.1 使用复合饼图展示各类数据

在Excel中包含两种复合图表，分别为子母饼图和复合条饼图。它们都是从第一个饼图中提取一些值，将其合并在第二个饼图或堆积柱形图中，使较小百分比更具有可读性。下面以子母饼图为例介绍具体操作方法。

Step 01 打开"各类图书销量榜.xlsx"工作簿，可见其中包含9类数据，而且数据差距比较大，最大的为238，最小的为2。选中数据区域，切换至"插入"选项卡，单击"图表"选项组中"插入饼图或圆环图"下三角按钮，在列表中选择"子母饼图"选项，效果如下图所示。

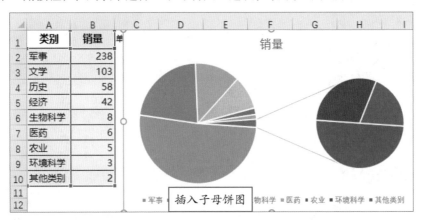

Step 02 在创建的子母饼图的母饼图中还包含两个小的数据，需要将其移到子饼图中。选择任意扇区并右击，在快捷菜单中选择"设置数据系列格式"命令，在打开的导航窗格的"系列选项"选项区域中设置"第二绘图区中的值"为5，如下图所示。

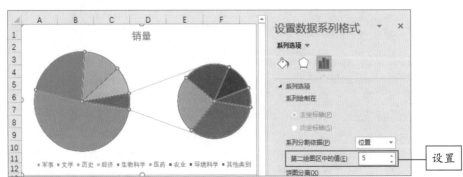

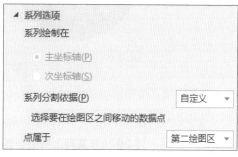

Step 03 图表的子饼图中显示数据最小的5个系列。在"设置数据系列格式"导航窗格的"系列选项"选项区域中设置间隙宽度和第二绘图区大小,效果如下图所示。

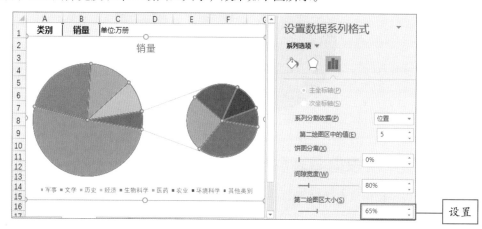

Step 04 删除图表中的图例,为各扇区填充不同的颜色,子饼图中扇区的颜色以母饼图对应的颜色为基础设置不同明暗度。然后添加图表的标题、说明性文本、单位和数据来源等信息,最后再添加数据标签,并设置文本的格式,效果如下图所示。

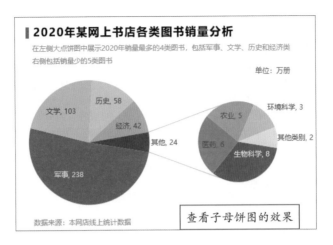

通过子母饼图更清晰地展示各类图书的销量。复合条饼图的制作方法和子母饼图一样，下面展示其效果，如下图所示。

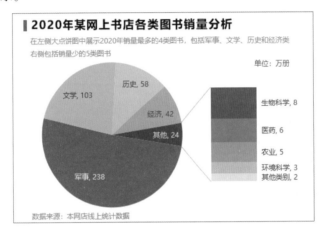

8.1.2 使用仪表盘图表展示生产完成率

仪表盘图表是模仿汽车速度表的一种图表，常用来反映预算完成率、收入增长率等比率性指标，在Excel中主要使用圆环图和饼图组合制作的。它简单、直观、易懂，给人一种操控感，使用也很方便，所以深受数据的喜爱。

例如，某企业在年底汇报中需要展示全年生产数量和实际生产数量，此时可以通过仪表盘图表准确地展示生产完成率，同时配合条形图展示生产的数量更能展示清楚数据。

1. 准备仪表盘的数据

仪表盘图表主要表包括两部分数据，即表盘的刻度和指针，下面介绍各部分数据的含义。

表盘最大值和所占的扇区：在创建仪表盘图表之前要理解两个数据，就是表盘刻度的最大值和占圆的扇区。最大值是根据完成率指标要求预计的值，例如企业的生产完成率正常在90%~140%之间，在设置最大值时可以设置比140大的值，160或180都行，本案例表盘刻度的最大值为180。如果最大值设置太大，也没有意义而且不利于观者通过指针判断数据。

所占的扇区就是仪表盘的弧度，制作者打算将仪表盘图制作成半圆形状，那么所占扇区大小为180度。本案例占圆的3/4扇区也就是270度，在下面留白就是360-270=90度。

刻度值： 刻度值是由表盘最大值决定的，将最大值等分成10份，本案例刻度值是180/10=18。

表盘值： 就是在所占的扇区等分成18份，表盘值为270/18=15度。然后在每个等分的扇区中显示指标值。

指针值： 通过实际完成率和相关公式计算出在所占扇区中位置的值。

制作的数据如下图所示。

	A	B	C D	E	F	G L	M	N
1	项目	数据	单位:吨		表盘刻度	扇区	指针	
2	目标生产数量	800000			0	0	完成度数	187.55
3	实际生产数量	1005600				15	指针	1
4	超额生产数量	205600			10	0	仪表盘剩余度数	82.45
5	完成率	125.70%				15	辅助数据	90
6					20	0		
7	最大值	180				15		
8	占度数	270度			30	0		
9	刻度值	18				15		
10	表盘值	15			40	0		
11						15		
34					160	0		
35						15		
36					170	0		
37						15		
38								
39					创建辅助数据			
40								

B5单元格中使用"=B3/B2"公式计算完成率并设置单元格格式为百分比。F1:G39单元格区域为仪表盘刻度的值和扇区，由于数据过长，只展示部分信息。

M2:N5单元格区域中为指针的值，N3表示指针所占大小；N2单元格中使用"=270/1.8*B5-N3"公式计算完成率在扇区中的位置，270/1.8*B5是计算出完成率占扇区的位置，再减去指针所占的位置；N4单元格中公式为"=360-N2-N5"计算在扇区中剩余部分，N5单元格表示下方留白的度数。

2. 制作刻度盘

刻度盘包括刻度弧线和刻度值，本案例是刻度弧线在外侧，刻度值在内侧。同时为了使刻度值与弧线有一定的距离，可以适当添加辅助数据。下面介绍具体操作方法。

Step 01 将光标定位在表盘刻度表格中任意单元格，在"插入"选项卡中插入圆环图，如下右图所示。

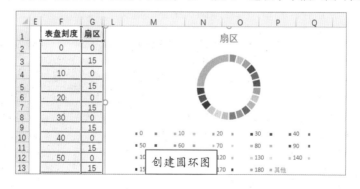

Step 02 选中圆环图并右击，在快捷菜单中选择"选择数据"命令，打开"选择数据源"对话框，单击"图例项"选项区域中"添加"按钮。打开"编辑数据系列"对话框，设置"系列名称"为"辅助1"❶、"系列值"为G2:G39单元格区域❷，单击"确定"按钮❸，如下左图所示。

Step 03 根据相同的方法再添加2个圆环，效果如下图所示。主要目的是使内侧的刻度值和外侧的弧线不会重合。

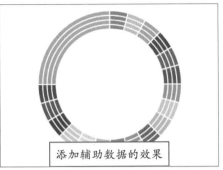

添加辅助数据的效果

Step 04 选择圆环，打开"设置数据系列格式"导航窗格，在"系列选项"选项区域中设置"圆环图圆环大小"为90%，如下图所示。

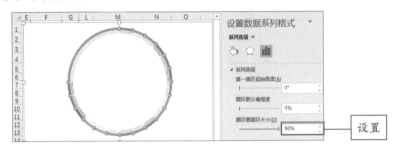

设置

Tips

提示 | 不设置第一扇区起始角度

此处不需要设置第一扇区的起始角度，因为还要添加指针的数据，最后再设置角度。

Step 05 首先设置图表区的填充颜色为纯黑色，方便设置刻度值的颜色。选择最内侧的"扇区"圆环，在"图表工具–设计"选项卡中添加数据标签，效果如下左图所示。

Step 06 选择数据标签，打开"设置数据标签格式"导航窗格，在"标签选项"选项区域中只勾选"类别名称"复选框，然后在"开始"选项卡的"字体"选项组中设置标签的格式，如下右图所示。

添加数据标签

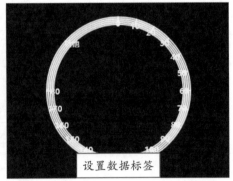

设置数据标签

Tips

提示 | 设置字体倾斜显示

仪表盘能给人一种动感、运动的感觉，物体的倾斜同样给人这种感觉，所以在设置字体时将其设置为倾斜显示。

Step 07 设置内侧3个圆环为无填充和无轮廓，然后再删除"其他"数据标签，效果如下左图所示。

Step 08 设置外侧圆环为无轮廓，然后再为各圆环填充不同的颜色，为了效果更加炫酷适当添加发光效果，如下右图所示。

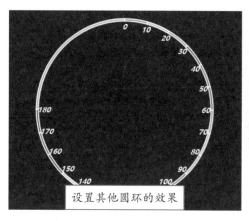

设置其他圆环的效果

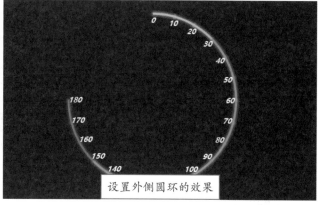

设置外侧圆环的效果

3. 制作指针

指针实质上就是饼图的扇区，为了指针指向准确在原图表上添加相关数据，然后设置即可。

Step 01 右击图表，在快捷菜单中选择"选择数据"命令，在打开的对话框中添加"指针"系列并添加系列值为N2:N5单元格区域，如下左图所示。

Step 02 右击图表，在快捷菜单中选择"更改图表类型"命令，在打开的对话框中选择"组合图"选项❶，勾选"指针"右侧"次坐标轴"复选框❷，其他均为圆环图❸，如下右图所示。

Step 03 设置完成后，添加"指针"图表变为饼图，如下图所示。

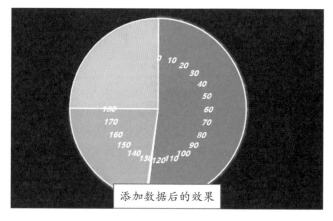

添加数据后的效果

Step 04 拖曳饼图适当设置各扇区分离，然后再移到中心位置，用户也可以在"设置数据系列格式"导航窗格中设置饼图分离为20%，效果如下左图所示。

Step 05 设置饼中大的扇区为无填充和无轮廓，设置小扇区填充颜色为白色以及无轮廓，效果如下右图所示。

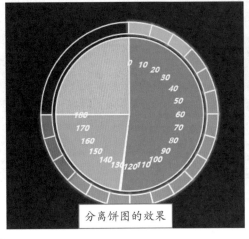

分离饼图的效果

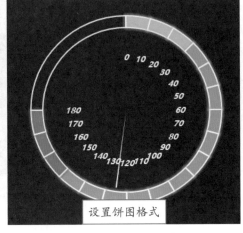

设置饼图格式

Tips

提示 | 设置指针

本案例为了体现动感，将指针设置细长的效果，用户如果想更加清晰地展示指针可以为该扇区添加白色的边框，效果如右图所示。

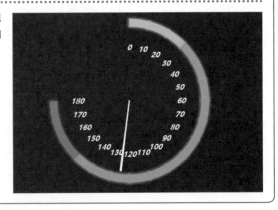

Step 06 然后调整圆环的大小为90%，并调整图表的大小。最后设置圆环图和饼图的"第一扇区起始角度"为225度，使仪表盘垂直站立，有一种动态不缺少平稳的感觉，效果如下图所示。

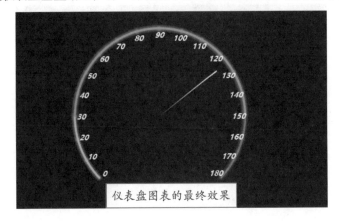

仪表盘图表的最终效果

4. 添加其他元素进一步展示数据

仪表盘只能展示完成率的大概位置，给人一种视觉上享受。还需要添加具体的数值，例如完成率的值以及实际生产数量和目标生产数量，下面介绍具体操作方法。

Step 01 在"插入"选项卡中单击"形状"下三角按钮，在列表中选择"矩形"形状，在仪表盘图表下方绘制矩形，并设置填充颜色和边框，如下左图所示。

Step 02 再插入横排文本框，在编辑栏中输入"="，选择B5单元格，按Enter键即可引用完成率。最后设置文本的格式，如下右图所示。

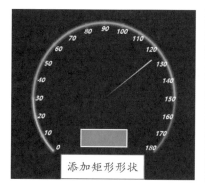
添加矩形形状

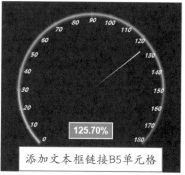
添加文本框链接B5单元格

Step 03 选择A2:B3单元格，在"插入"选项卡中插入条形图，并设置图表区为无填充、无边框，删除多余的图表元素，移到仪表盘图表的下方，如下图所示。

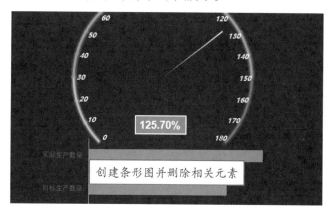
创建条形图并删除相关元素

Step 04 为条形图添加数据标签并设置格式，接着设置条形图的颜色，读者可以根据需要设置，效果如下图所示。

查看最终的效果

第 8 章

8.2 柱形图和折线图的复合图表

扫码看视频

使用柱形图和折线图的组合图表也是比较常见的图表之一。使用柱形图表示数据，折线图表示完成率或增长率等，可以将两组差别较大的数据展示清楚。也可以将折线设置成平均值或目标值，对柱形图进行分割可以直观展示数据是否完成或超出平均值等。

8.2.1 使用柱形图和折线图分析企业投资金额

企业统计从2016年到2020年每年的投资金额，现在需要将投资金额和每年投资金额的增长率通过图表展示，此时只能使用柱形图表示投资金额、折线图表示增长率。

Step 01 在C列添加"每年增长率"列，在C2单元格中输入0，在C3单元格输入公式"=B3/B2-1"，并向下填充到C6单元格。设置C2:C6单元格区域的格式为百分比。然后创建柱形图，如下图所示。

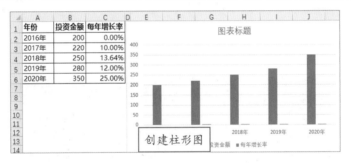

Step 02 可见"每年增长率"的数据很小，在图表中无法比较大小。右击图表，在快捷菜单中选择"更改图表类型"命令，在打开的对话框中选择"组合图"选项❶，设置每年增长率数据系列为"折线图"❷并勾选"次坐标轴"复选框❸，单击"确定"按钮❹，如下图所示。

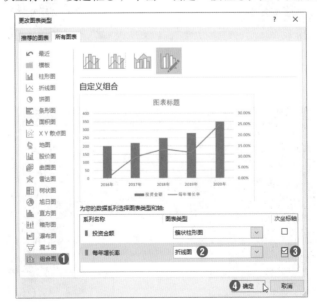

Step 03 图表中即可清晰显示两组数据了。主要纵坐标轴刻度共8项，而次要坐标轴刻度为6项，需要将其设置一致。选中次要纵坐标轴❶，在"设置坐标轴格式"导航窗格的"坐标轴选项"选项区域中设置最大值为0.4❷，即可保持主次纵坐标轴一致，如下图所示。

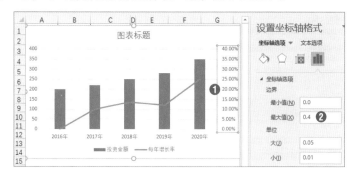

Step 04 接着在"标签"选项区域中设置"标签位置"为"无"，隐藏次要纵坐标轴。然后设置主要纵坐标轴的单位大为100，效果如下图所示。

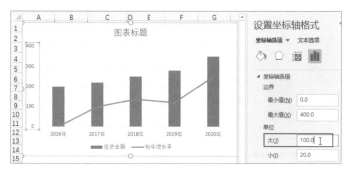

Step 05 设置图表区和绘图的填充颜色，再设置柱形图和折线的颜色和线宽，并设置折线图为平滑线，再添加数据标签设置格式。输入标题、来源等，效果如下图所示。

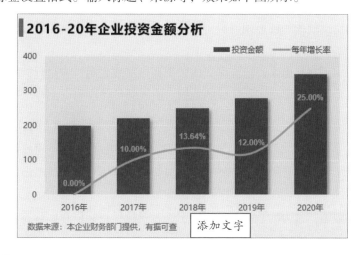

Step 06 最后设置横坐标轴，右击图表，在快捷菜单中选择"选择数据"命令。打开"选择数据源"对话框，单击"水平（分类）轴标签"选项区域中"编辑"按钮❶，打开"轴标签"对话框，设置轴标签区域引用F2:F6单元格区域❷，依次单击"确定"按钮❸，如下图所示。

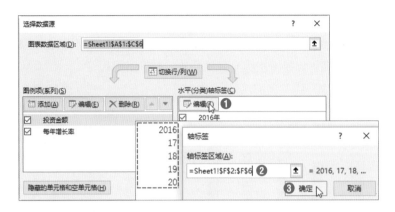

Step 07 返回工作表中可见横坐标轴显示选定的单元格区域内的数据。至此，本案例制作完成，最终效果如下图所示。

8.2.2 使用折线图和柱形图反映过去、现在和未来趋势

在上一节中也介绍折线图和柱形图的组合效果，是以柱形图主要反映数据的，本节介绍的是通过折线图反映数据。

本案例反映过去、现在和未来，已经完成的数据通过实线表示、未执行的用虚线表示，现在的用柱形图标记。如果到下个月填写实际完成的数据后图表会自动按照以上要求变化。

1. 创建辅助数据

制作本案例共需要创建3个辅助数据，分别为目标值、柱形图和差异的数据。它们之间有严密的逻辑关系，如何显示执行的目标值？如何显示未执行的目标值？如何使柱形图根据月份的不同在对应的位置上显示？

创建目标值辅助数据： 过去的数据用直线表示，主要包括目标值和实际完成值；未执行部分用目标值表示，所以需要将目标值分为两部分。分为两部分的好处是可以方便设置不同的颜色和线型，为了使两条折线能连接在一起，在未执行的列还需要显示执行列的最后一个数值。

差异的数据： 该数据主要是直观展示执行部分实际完成值和目标值的差。差异值为正时表示实际值大于目标值，为负时表示实际值小于目标值。创建差异值还需要创建辅助线，辅助线为同期实际值和目标值的平均值创建的折线。

柱形图数据：在图表中只显示1个柱形图，表示现在的时间，因为目标值没有大于500，所以该柱形图的值为500。

以上所有数据必须通过函数获得，这样随着月份的推移并输入当月的实际值后，图表才能跟着变动。

分析完所需要的数据后，对原始数据进行拆分处理，如下图所示。

	A	B	C	D	E	F	G	H	I	J	K	L
1		目标值	2020年			目标值	目标值	未来目标	2020年	差异辅助线	差异	柱形图
2	1月	156	190		1	156	156	#N/A	300	228	144	0
3	2月	275	320		2	275	275	#N/A	320	297.5	45	0
4	3月	307	281		3	307	307	#N/A	281	294	-26	0
5	4月	378	305		4	378	378	#N/A	305	341.5	-73	500
6	5月	348	193		5	348	#N/A	348		#N/A	#N/A	0
7	6月	397	323		6	397	#N/A	397		#N/A	#N/A	0
8	7月	380	350		7	380	#N/A	380		#N/A	#N/A	0
9	8月	283	317		8	283	#N/A	283		#N/A	#N/A	0
10	9月	464	179		9	464	#N/A	464		#N/A	#N/A	0
11	10月	109	410		10	280	#N/A	280		#N/A	#N/A	0
12	11月	301	224			创建辅助数据				#N/A	#N/A	0
13	12月	452	313		12					#N/A	#N/A	0

上图A1:C13单元格区域为原始数据，E1:L13单元格区域为拆分后的数据。G和H列是将F列的目标值进行折分，J和K列为差异数据，L列为创建柱形图的数据。不同列包含的公式如下：

G2单元格中公式：=IF(I2<>0,F2,NA())

H2单元格中公式：=IF(MONTH(TODAY())>E2,NA(),F2)

J2单元格中公式：=IF(I2<>0,(I2+F2)/2,NA())

K2单元格中公式：=IF(I2<>0,I2-F2,NA())

L2单元格中公式：=IF(MONTH(TODAY())=E2,500,0)

G2单元格中公式通过I2单元格中是否包含实际执行的数据，判断是否显示执行过的目标值，需要与I列中实际执行的值一致。H2单元格中的公式，提取当前月的月份数据与E2中的月份比较，如小于E2，显示#N/A否则显示F列对应的目标值。J2单元格中公式表示计算执行过实际值和目标值的平均数，主要用于显示K列中差值。K2单元格的公式是计算执行过的实际值和目标值的差。L2单元格中公式是显示当前月份的柱形图的数据。

2. 创建图表并更改图表类型

Step 01 打开"对比过去现在和未来的数据.xlsx"工作簿，选择E1:E13、G1:J13和L1:L13单元格区域，在"插入"选项卡中插入折线图，如下图所示。

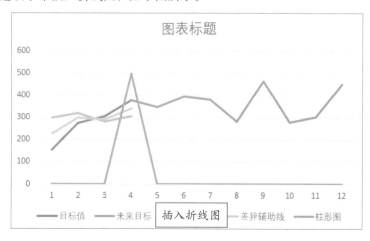

Step 02 选择"柱形图"数据系列并右击，在快捷菜单中选择"更改系列图表类型"命令，打开"更改图表类型"对话框，在"为您的数据系列选择图表类型和轴"列表框中设置"柱形图"数据系列为"簇状柱形图"图表类型❶，单击"确定"按钮❷，如下图所示。

Step 03 可见图表只包含当前月的柱形图，选择柱形图，在"设置数据系列格式"导航窗格的"系列选项"选项区域中设置"间隙宽度"为0%，如下图所示。

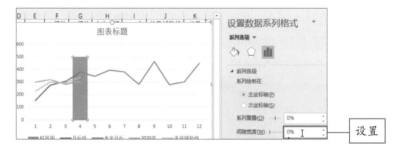

3. 设置过去和未来的折线格式

Step 01 选择"未来目标"的折线❶，打开"设置数据系列格式"导航窗格，在"填充与线条"选项卡的"线条"选项区域中选中"实线"单选按钮❷，设置颜色为浅灰色❸、宽度为2.5磅❹、短划线类型为"短划线"❺，如下图所示。

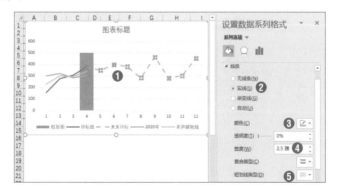

Step 02 根据相同的方法设置"2020年"和"目标值"的折线颜色和宽度，设置为对比强烈的颜色方便查看，效果如下图所示。

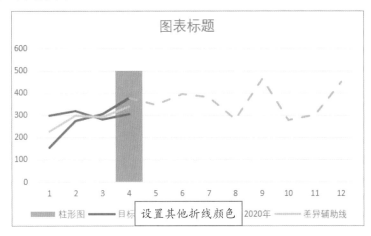

Step 03 设置柱形图的填充颜色为浅蓝色，这样过去、现在和未来各部分就表示得非常明确，如下图所示。

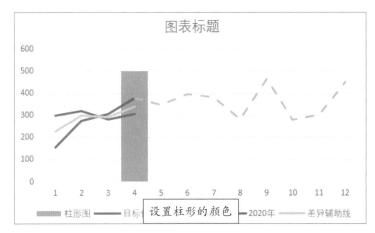

4. 添加差异的值

Step 01 选择"差异辅助线"折线，在"图表工具-设计"选项卡中添加数据标签，并为居中显示。然后在"图表工具-格式"选项卡的"形状样式"选项组中设置为无轮廓，效果如下图所示。

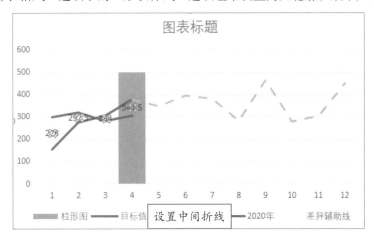

Step 02 选择添加的标签数据❶，打开"设置数据标签格式"导航窗格，在"标签选项"选项区域中勾选"单元格中的值"复选框❷，打开"数据标签区域"导航窗格，选中K2:K13单元格区域❸，单击"确定"按钮❹，如下图所示。

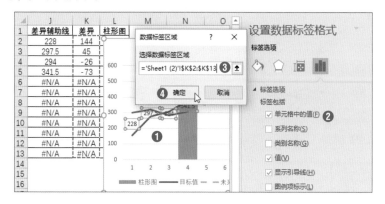

Step 03 返回"设置数据标签格式"导航窗格，取消勾选"值"和"显示引导线"复选框，则图表中显示差异的值，效果如下图所示。

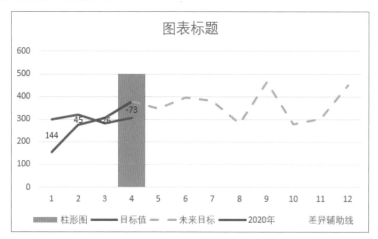

Step 04 选择"2020年"折线，在"图表工具–设计"选项卡中单击"添加图表元素"下三角按钮，在列表中选择"线条>高低点连线"选项。然后设置高低点连线为虚线、颜色为灰色，效果如下图所示。

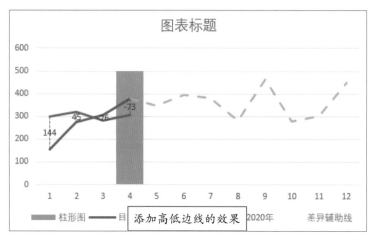

5. 调整并美化图表

Step 01 删除图例中多余的内容，并将其移到标题的上方。然后输入标题并设置格式，选中数据标签并加粗显示，效果如下图所示。

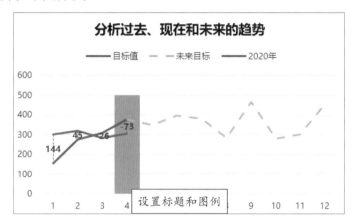

Step 02 选择纵坐标轴，在"设置坐标轴格式"导航窗格的"坐标轴选项"选项区域中设置最大值为500。右击图表，在快捷菜单中选择"选择数据"命令，打开"选择数据源"对话框，单击"水平轴标签"选项区域中"编辑"按钮❶，设置轴标签区域引用A2:A13单元格区域❷，依次单击"确定"按钮❸，如下图所示。

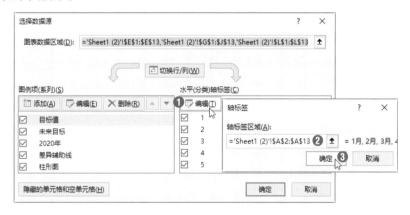

Step 03 设置3条折线均为平滑显示，然后再添加相应的文本说明，最终效果如下图所示。

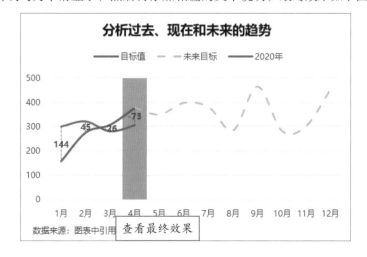

8.2.3　使用堆积柱形图和折线图分析销售完成情况

在年终总结报告中，销售部经理需要对当年的销量情况进行汇报，而且具体到每月的销量。为了更全面汇报销量，我们将销量和目标销量的值进行比较。

制作图表的具体要求如下：

（1）在图表中展示每月的销量。

（2）超过目标销量的部分填充红色，未超过部分填充其他颜色。

（3）在图表中显示目标销量的位置。

1. 创建辅助数据

在制作堆积柱形图之前需要对数据进行处理，当完成值大于目标值时需要将完成的值分为超出的值和目标值，其公式为：完成值=目标值+超额；当完成值小于目标值时，将完成值分为实际销量和0。我们使用函数计算辅助数据，下面介绍具体操作方法。

Step 01 打开"2020年销量分析表.xlsx"工作簿，在F1:H14单元格区域中完善表格，选中G3单元格输入"=MIN(C3,B3)"公式，按Enter键执行计算，如下图所示。

G3		× ✓	fx	=MIN(C3,B3)				
A	B	C	D	E	F	G	H	
1		每月目标:1580				制作准备数据		
2	月份	完成值	目标值	完成率		月份	辅助数据1	辅助数据2
3	Jan	1690	1580	106.96%		Jan	1580	
4	Feb	1129	1580	71.46%		Feb		
5	Mar	1862	1580	117.85%		Mar		
6	Apr	1038	1580	65.70%		Apr		
7	May	2364	1580	149.62%		May		
8	Jun	1371	1580	86.77%		Jun		
9	Jul	1965	1580	124.37%		Jul		
10	Aug	1245	1580	78.80%		Aug		
11	Sept	1873	1580	118.54%		Sept		
12	Oct	1190	1580	75.32%		Oct		
13	Nov	1744		输入公司计算数据		Nov		
14	Dec	2150				Dec		

Step 02 选中H3单元格输入"=IF(B3>C3,B3-C3,0)"公式，按Enter键执行计算，然后将G3:H3单元格区域中的公式向下填充到表格结尾。辅助数据如下图所示。

A	B	C	D	E	F	G	H	
1		每月目标:1580				制作准备数据		
2	月份	完成值	目标值	完成率		月份	辅助数据1	辅助数据2
3	Jan	1690	1580	106.96%		Jan	1580	110
4	Feb	1129	1580	71.46%		Feb	1129	0
5	Mar	1862	1580	117.85%		Mar	1580	282
6	Apr	1038	1580	65.70%		Apr	1038	0
7	May	2364	1580	149.62%		May	1580	784
8	Jun	1371	1580	86.77%		Jun	1371	0
9	Jul	1965	1580	124.37%		Jul	1580	385
10	Aug	1245	1580	78.80%		Aug	1245	0
11	Sept	1873	1580	118.54%		Sept	1580	293
12	Oct	1190	1580	75.32%		Oct	1190	0
13	Nov	1744	计算所有辅助数据			Nov	1580	164
14	Dec	2150				Dec	1580	570

> **Tips**
>
> **提示 | 解析辅助数据的含义**
>
> 使用MIN函数返回目标值和完成值的最小值，得出的数据是分解完成值的第一个辅助数据。使用IF函数判断目标值和完成值的大小，如果完成值大于目标值则计算出超出的值，如果完成值小于目标值则显示0。使用IF函数返回的数据是第二个辅助数据。

2. 创建图表并添加数据系列

根据计算的辅助数据创建堆积柱形图，然后再添加C3:C14单元格区域中的目标值。下面介绍具体操作方法。

Step 01 将光标定位在准备数据表格中任意单元格中❶，切换至"插入"选项卡❷，单击"图表"选项组中"插入柱形图和条形图"下三角按钮❸，在列表中选择"堆积柱形图"选项❹，如下图所示。

Step 02 接着在图表中添加目标值的数据。右击图表❶，在快捷菜单中选择"选择数据"命令❷，如下左图所示。

Step 03 打开"选择数据源"对话框，单击"图例项"选项区域中"添加"按钮，如下右图所示。

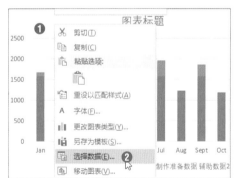
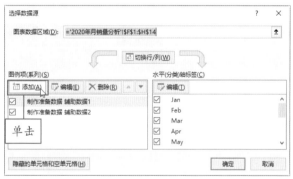

Step 04 打开"编辑数据系列"对话框，设置系列名称为"目标值"❶、系列值为C3:C14单元格区域❷，单击"确定"按钮❸，如下左图所示。

Step 05 返回"选择数据源"对话框，在"图例项"区域显示添加"目标值"系列，单击"确定"按钮。返回工作表中可见在数据系列的上方添加了目标值数据系列，如下右图所示。

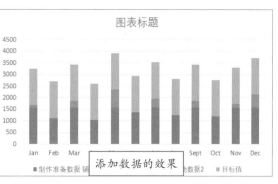

添加数据的效果

Step 06 选择"目标值"数据系列并右击❶，在快捷菜单中选择"更改系列图表类型"命令❷，如下左图所示。

Step 07 打开"更改图表类型"对话框，在"为您的数据系列选择图表类型和轴"选项区域中设置"目标值"的图表类型为"折线图"❶，单击"确定"按钮❷，如下右图所示。

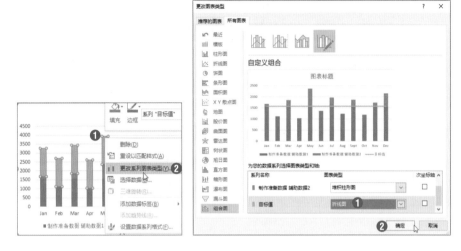

Step 08 返回工作表中可见目标值更改为折线，因为所有数据是一样大，所以为直线。选择折线❶，在"图表工具-设计"选项卡❷中单击"添加图表元素"下三角按钮❸，在列表中选择"趋势线>线性"选项❹，如下图所示。

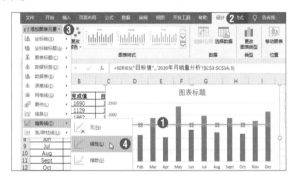

Step 09 选中添加趋势线并右击，在快捷菜单中选择"设置趋势线格式"命令。在打开的导航窗格的"趋势线选项"选项区域中设置"前推"和"后推"均为0.5周期，可见趋势线向两边延长了，如下左图所示。

Step 10 切换至"填充与线条"选项卡，设置线条颜色为橙色❶、宽度为2磅❷、短划线类型为"实线"❸，如下右图所示。

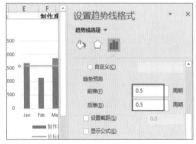

Step 11 操作完成后，添加的线性趋势线覆盖住目标值折线，然后删除图例，效果如下左图所示。

Step 12 选择堆积柱形图的数据系列并右击，在快捷菜单中选择"设置数据系列格式"命令，在打开的"设置数据系列格式"导航窗格中设置间隙宽度为70%，如下右图所示。

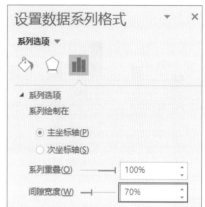

Step 13 返回工作表中可见堆积柱形图的数据系列变宽了，数据系列之间距离变小，效果如下图所示。

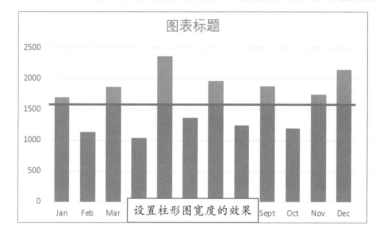

3. 美化图表

堆积柱形图制作完成，然后根据需要设置数据系列的颜色，并适当设置图表背景颜色和文本。下面介绍具体操作方法：

Step 01 选中趋势线上方的数据系列❶，切换至"图表工具-格式"选项卡❷，单击"形状样式"选项组中"形状填充"下三角按钮❸，在列表中选择"深红色"❹，然后设置无轮廓，如下图所示。

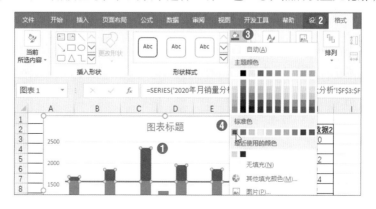

Step 02 根据相同的方法设置趋势线下方数据系列填充颜色为水绿色和无边框，效果如下左图所示。

Step 03 根据相同的方法设置图表的填充颜色为黑色，然后删除主要水平网格线，效果如下右图所示。

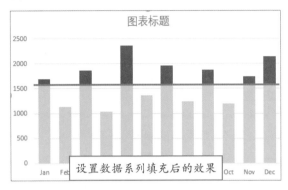

设置数据系列填充后的效果

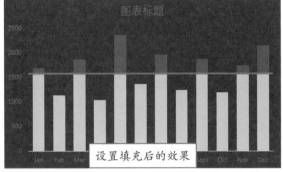

设置填充后的效果

Step 04 接着输入图表标题并添加相应的文本框，然后设置文本的格式，最终效果如下图所示。

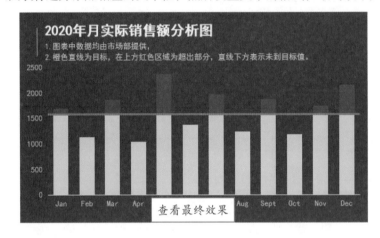

查看最终效果

以上案例是通过实际销售额和目标值制作的柱形图和折线图组合的效果，如果为数据添加平均值，该如何展示数据呢？下面展示某行评价指数分析的图表，有兴趣的读者根据所学的内容自行制作。

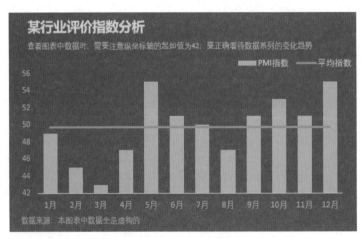

8.3 条形图和散点图的复合图表

条形图和散点图结合也能摩擦出很多火花，例如滑珠图，是以条形图为轨道，散点图为珠子展示数据的比重，也可以比较两组数据的大小。条形图和堆积条形图也可以组合，制作出与众不同的图表效果。

8.3.1 使用条形和堆积条形图突出变化的数据

当使用常规的条形图比较两组数据时，是无法显示两组数据的差距，此时可以使用条形图和堆积条形图组合，显示两组数据的差距。

例如，统计各重点省份2019–2020年投资建筑项目的金额，现需要通过图表对比两组数据，并且要体现两年投资金额的差额。

1. 设置辅助数据并插入条形图

Step 01 打开"2019-20年部分省对建筑项目投资统计表.xlsx"工作簿，原始数据为A1:C9单元格区域，添加6列辅助数据。其中H2单元格中公式为"=IF(C2>B2,B2,C2)"，I2单元格中公式为"=IF(C2>B2,C2-B2,B2-C2)"，如右图所示。

	A	B	C	D	E	F	G	H	I
1		2019年	2020年	辅助1	辅助2	辅助3	辅助4	辅助5	辅助6
2	黑龙江省	460	495	0	0	0	0	460	35
3	河北省	112	158	0	0	0	0	112	46
4	江西省	283	241	0	0	0	0	241	42
5	浙江省	129	256	0	0	0	0	129	127
6	广东省	115	159	0	0	0	0	115	44
7	江苏省	352	427				0	352	75
8	内蒙古	165	251	创建辅助数据			0	165	86
9	山西省	470	379				0	379	91

> **Tips**
>
> **提示 | 辅助数据的作用**
>
> 本案例中辅助数据有点多，其实就两个作用，D:G列主要作用是让主次坐标轴不重叠在一起，其中前两列为主坐标轴后两列为次坐标轴。H和I列是对2020年金额进行折分，I列为差额。其中I5和I9单元格中数据为负数，表示2020年投资金额少于2019年。

Step 02 接着再绘制绿色和红色的直线和两端的垂直黑线，绿色表示多出部分，红色表示少的部分，效果如下左图所示。

Step 03 将光标定位在数据表格中任意单元格，在"插入"选项卡中创建条形图，如下右图所示。

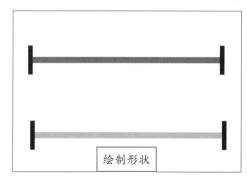

绘制形状

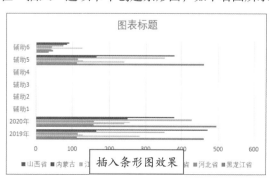

插入条形图效果

Step 04 图表中以数据表格的第一列作为条形的纵坐标轴，切换至"图表工具–设计"选项卡，单击"切换行/列"按钮，效果如下图所示。

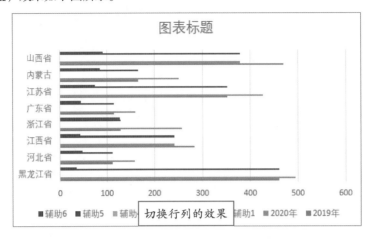

2. 设置次坐标轴

在条形图中显示差距的数值，主要想法是通过"辅助5"和"辅助6"更改堆积条形图，然后将"辅助6"的数据展示出来，所以设置次坐标轴类型为堆积柱形图。

Step 01 右击图表，在快捷菜单中选择"更改图表类型"命令。打开"更改图表类型"对话框，选择"组合图"选项❶，在"为您的数据系列选择图表类型和轴"列表框中设置图表类型❷和次坐标轴❸，如下图所示。

Step 02 返回工作表，设置主次坐标轴的数据系列的"间隙宽度"均为100%，主坐标轴的"系列重叠"为0%，次坐标轴的"系列重叠"为50%，效果如下图所示。

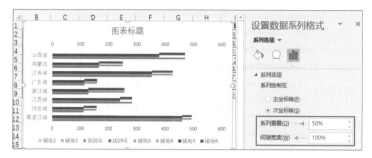

Step 03 选择"辅助5"数据系列，在"设置数据系列格式"导航窗格中设置无填充和无轮廓，因为"辅助5"起到支持"辅助6"的作用，效果如下图所示。

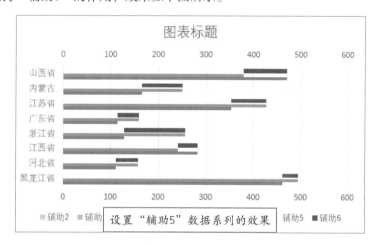

设置"辅助5"数据系列的效果

Step 04 选择绿色的线条并复制，选择"辅助6"数据系列按"Ctrl+V"组合键，然后将红色线条更改负数的两个数据系列，效果如下图所示。

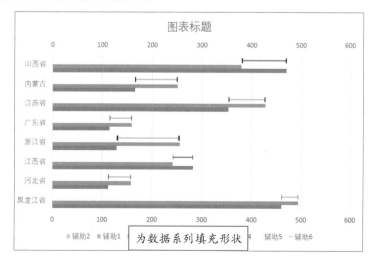

为数据系列填充形状

Step 05 然后为"辅助6"数据系列添加数据标签并设置。最后对图表进行美化，最终效果如下图所示。

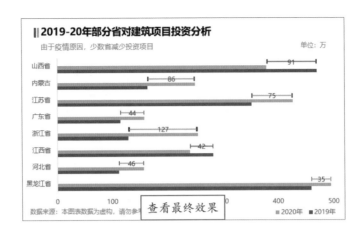

8.3.2 使用滑珠图比较两年销量

企业统计出2019年和2020年各分公司销量数据，下面使用滑珠图展示两组数据的大小。2020年的数据点在2019年数据点的右侧表示数据2020年销量大于2019年，反之小于2019年销量。

Step 01 在E列和F列添加辅助数据，E列表示滑珠图的轨道，要比2019和2020年销量最大值的要大。F列是设置散点图的Y轴，从0.5开始是保证散点能在E列的轨道上，如下图所示。

	A	B	C	D	E	F
1	地区	省	2019年	2020年	辅助数据	Y轴数据
2	东北	内蒙古	170	141	300	11.5
3	东北	吉林	78	115	300	10.5
4	东北	辽宁	56	146	300	9.5
5	华北	北京	187	228	300	8.5
6	华北	河北	97	126	300	7.5
7	华北	山东	69	244	300	6.5
8	华南	广东	130	141	300	5.5
9	华南	河南	77	75	300	4.5
10	华南	湖北	59	234	300	3.5
11	西北	新疆	149	264	300	2.5
12	西北	山西	110	258	300	1.5
13	西北	青海	创建辅助数据		300	0.5

Step 02 选择B1:E13单元格区域，切换至"插入"选项卡，单击"插入柱形图或条形图"下三角按钮，在列表中选择"簇状条形图"选项，创建条形图，效果如下图所示。

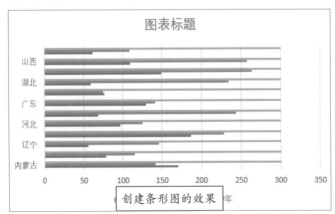

创建条形图的效果

Step 03 选中图表并右击，在快捷菜单中选择"更改图表类型"命令，在打开的对话框，设置"2019年"和"2020年"数据系列为散点图❶，并设置"辅助数据"为次坐标轴❷，单击"确定"按钮❸，如下图所示。

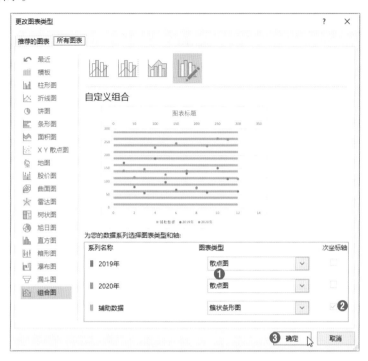

Step 04 设置完成后，选择图表的次要横坐标轴，在"设置坐标轴格式"导航窗格中设置最大值为300，根据相同的方法设置主要横坐标轴的最值为12，效果如下图所示。

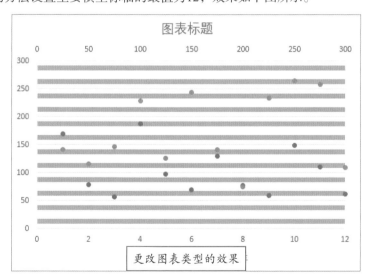

更改图表类型的效果

Step 05 可见图表中散点没有在指定的轨道上，接着设置散点图的Y轴。右击图表，在快捷菜单中选择"选择数据"命令，打开"选择数据源"对话框，选择"2019年"系列，单击对应的"编辑"按钮。打开"编辑数据系列"对话框，设置X轴引用C2:C13单元格区域、Y轴引用F2:F13单元格区域，单击"确定"按钮，如下图所示。

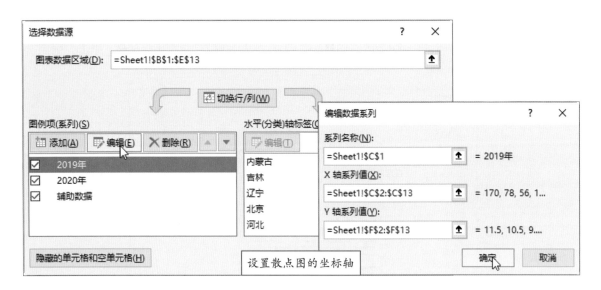

设置散点图的坐标轴

Step 06 返回工作表中可见图表的散点位置发生了变化，如下左图所示。

Step 07 根据相同中方法，设置"2020年"散点的X和Y轴，设置两条横坐标轴的最大值均为300；纵坐标轴最大值为12，可见散点坐落在条形图上方，效果如下右图所示。

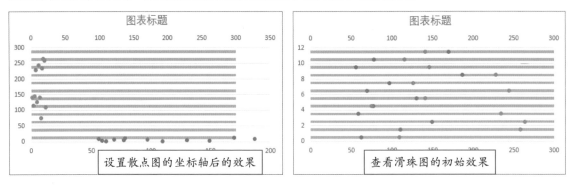

设置散点图的坐标轴后的效果

查看滑珠图的初始效果

Step 08 删除次要水平坐标轴和垂直坐标轴，然后添加次要横坐标轴，显示在图表的右侧，适当调整图表的大小使数据显示完整，如下图所示。

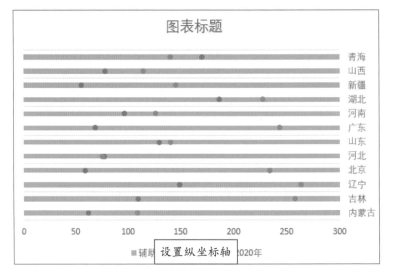

设置纵坐标轴

Step 09 选择添加的次要横坐标轴，在"设置坐标轴格式"导航窗格中设置"标签位置"为"低"，即可将坐标轴移到左侧，如下图所示。

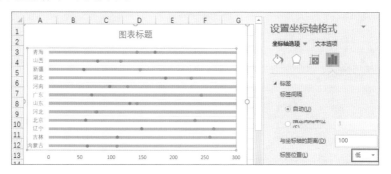

Step 10 然后分别设置条形图的颜色，设置"2019年"散点的填充和边框颜色为黄色，大小为12，并应用相应的效果。根据同样的方法设置"2020年"散点的格式，最终效果如下图所示。

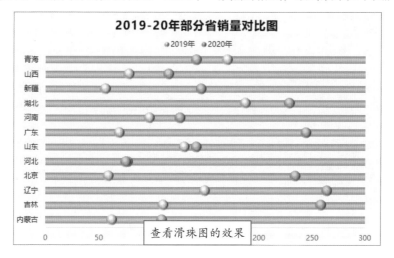

根据滑珠图的学习，读者可以举一反三制作横向的滑珠图，或者只有完成率的滑珠图，效果如下图所示。这两种图表是根据堆积柱形图、堆积条形图和散点图制作而成的，有兴趣的读者可以自行制作。

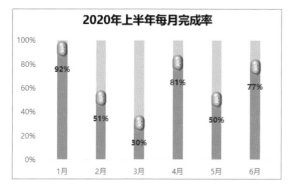

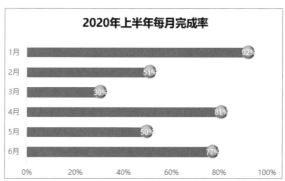

第 9 章

动态交互图表

　　图表可以更加形象地展示数据，动态图表可以体现出图表中各数据之间的关系。创建动态图表能展现制作者的思想和逻辑，也能让观者更加直观地理解数据。动态交互图表主要体现在交互，当观者单击相应控件或选择相关选项时，图表即会显示想要查看的数据信息，从而可以将多项数据清晰地展示，增强图表的说服力。本章介绍的动态图表可以随着条件的不同展示不同的数据，可以与人很好地互动。

　　本章先介绍动态图表的创建思路和常用工具，然后在9.2节中介绍如何使用函数创建动态图表；接着在9.3节中介绍如何使用控件创建动态图表；最后介绍不同的控件与函数相结合创建动态图表的相关操作。

9.1 动态图表的思路和常用工具

动态图表可以与人很好地互动，能够根据人的需要显示相关数据。使用动态图表能够突出重点的数据，不显示其他无关数据，从而提高分析数据的效率。

9.1.1 动态图表的制作思路

动态图表的制作思路，基本来说就是对源数据的重组，或者通过互交的开发工具实现对图表的控制，大部分情况下是重组数据和开发工具组合使用，从而让图表动起来。

第一种动态图表，通过重组数据生成临时的数据，然后根据临时数据创建图表。重组数据主要包括两种类型，其一是通过函数从源数据中获取相关信息；其二是通过函数定义名称，两种方法都有函数的参与。在第8章的8.2.2节中使用函数重组数据，根据重组的数据创建图表，当添加新的数据时，图表会自动更新数据。

制作动态图表时常用的函数主要包括INDEX、OFFSET、MATCH、CHOOSE、VLOOKUP和COUNT等。

在Excel中制作动态图表，除了使用上述介绍的函数外，根据重组数据的不同还需要其他相关函数。在Excel中包括10多种类型的函数，如下图所示。

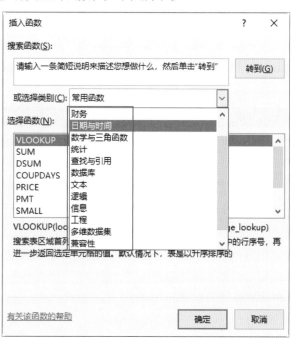

第二种动态图表，通过开发工具中的控件也可以让图表动态起来，但基本上是通过录制宏完成的，例如将柱形图更改为条形图或折线图，在本节中将会介绍。

第三种动态图表，制作动态图表时最多的还是将重组数据和开发工具结合在一起使用，在设置控件时将数据源区域与重组的数据区域相关联，然后再通过链接单元格即可让控件控制图表。也可以设置一个控件控制多张图表，可以从不维度去分析数据。

常用的开发工具的控件主要包括组合框、复选框、单选按钮、列表框和滚动条等。在Excel中所有的控件在"开发工具"选项卡的"插入"选项组中，如右图所示。

默认情况下，在Excel中是不包含"开发工具"选项卡的，需要用户自行添加。打开Excel应用程序后，单击"文件"标签，在列表中选择"选项"选项。打开"Excel选项"对话框，在左侧选择"自定义功能区"选项❶，在右侧勾选"开发工具"复选框❷，然后单击"确定"按钮即可❸，如下图所示。

操作完成后在功能区显示"开发工具"选项卡，共包括"代码""加载项""控件"和XML四个选项组，如下图所示。

9.1.2 制作动态图表常用的函数

制作动态图表时需要重组数据，重组数据需要借助函数完成，基本上使用的都是"查找与引用"类型的函数。当然会根据案例的不同还会使用到"数学与三角函数""统计"和"逻辑"等类型的函数，本节将介绍常用的函数。

1. 引用函数

引用函数是"查找与引用"类型中的一种函数，主要包括ADDRESS、OFFSET、ROW和COLUMN等函数。在动态图表中使用最为频繁的是OFFSET函数，也会通过ROW和COLUMN函数返回相应的行号或列数。下面将介绍各种函数的含义、语法格式以及简单的应用。

（1）OFFSET函数

OFFSET函数返回单元格或单元格区域中指定行数和列数区域的引用。

表达式：OFFSET(reference,rows,cols,height,width)

Reference作为偏移量参照系的单元格或单元格区域；Rows表示以Reference为准向上或向下偏移的行数；Cols表示以Reference为准向左或向右偏移的列数；Height表示指定偏移进行引用的行数；Width表示指定偏移进行引用的列数。

其中，Rows为正数时，表示向下移动，为负数时，表示向上移动。Cols为正数时，表示向右移动，为负数时，表示向左移动。

如果height和width参数的数值超过工作表的边缘时，则返回#REF!错误值，如果省略这两个参数，则高度和宽度与reference相同。

下面举例说明，如下图所示。

	A	B	C	D	E	F
1	15	图表	33		公式	返回值
2	33	37	37		=OFFSET(B2,1,1)	Excel
3	动态图表	20	Excel		=OFFSET(C2,-1,-2)	15
4	32	44	9			
5						

在E2单元格中公式为"=OFFSET(B2,1,1)"表示以B2单元格为参照向下移动一个单元格即B3单元格，然后再向右移动1个单元格为C3单元格。

在E3单元格中公式为"=OFFSET(C2,-1,-2)"表示以C2单元格为参照向上移动一个单元格即为C1单元格，然后再向左移动两个单元格为A1单元格。

（2）ROW和COLUMN函数

ROW函数返回数组或单元格区域中的行数。

COLUMN 函数返回给定单元格引用的列号。

表达式：ROW(reference)

COLUMN(reference)

Reference为需要得到其行号或列号的单元格或单元格区域，如果省略了该参数，则返回该公式所在的单元格的行号或列号。

两个函数使用方法一样，下面以ROW为例进行说明，可以通过ROW函数让序号连续，如下图所示。

A2	▼		✕	✓	fx	=ROW(A2)-1	

	A	B	C	D	E
1	序号				
2	1				
3	2				
4	3				
5	4				
6	5				
7	6				
8	7				

在A2单元格中输入"=ROW(A2)-1"公式，然后将公式向下填充，即可完成序号连续的设置。当删除某行后，序号依然是连续的。

2. 查找位置的函数

使用查找位置的函数查找单元格区域中满足条件的单元格的位置，在Excel中包括MATCH和INDEX两个查找位置的函数。下面将逐个介绍这两个函数的含义、表达式以及参数的含义。

（1）MATCH函数

MATCH函数返回指定数值在指定区域中的位置。

表达式：MATCH(lookup_value, lookup_array, match_type)

Lookup_value表示需要查找的值，可以为数值或者数字、文本或逻辑值的单元格引用；Lookup_array表示包含所要查找数值的连续的单元格区域；Match_type表示查询的指定方式，为-1、0或者1数字。

Match_type不同的数字表示不同的含义，下面以表格形式介绍，如下表所示。

Match_type的含义

Match_type	含义
1或省略	函数查找的数值小于或等于lookup_value的最大值，Lookup_array必须按升序排列
0	函数查找的数值等于lookup_value的第一个数值，Lookup_array可以按任何顺序排列
-1	函数查找的数值大于或等于lookup_value的最小值，Lookup_array必须按降序排列

下面举例说明，如下左图和下右图所示。

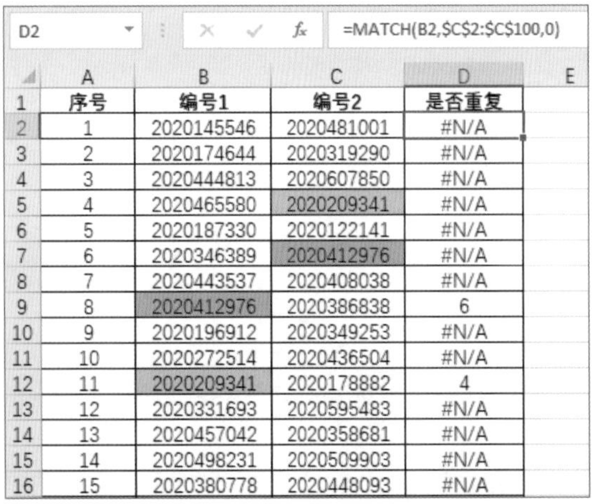

D2　=MATCH(B2,$C$2:$C$100,0)

	A	B	C	D
1	序号	编号1	编号2	是否重复
2	1	2020145546	2020481001	#N/A
3	2	2020174644	2020319290	#N/A
4	3	2020444813	2020607850	#N/A
5	4	2020465580	2020209341	#N/A
6	5	2020187330	2020122141	#N/A
7	6	2020346389	2020412976	#N/A
8	7	2020443537	2020408038	#N/A
9	8	2020412976	2020386838	6
10	9	2020196912	2020349253	#N/A
11	10	2020272514	2020436504	#N/A
12	11	2020209341	2020178882	4
13	12	2020331693	2020595483	#N/A
14	13	2020457042	2020358681	#N/A
15	14	2020498231	2020509903	#N/A
16	15	2020380778	2020448093	#N/A

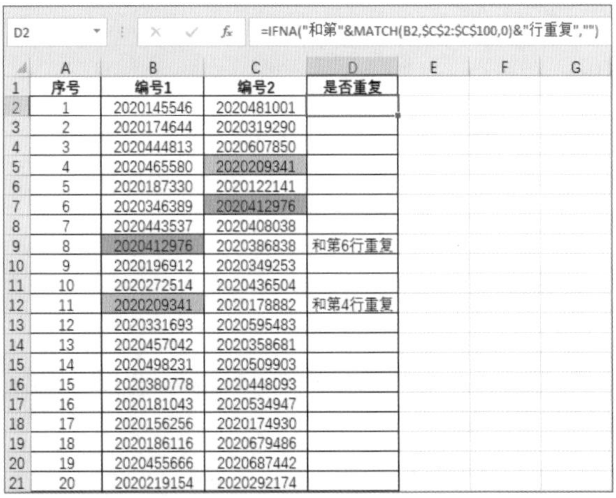

D2　=IFNA("和第"&MATCH(B2,$C$2:$C$100,0)&"行重复","")

	A	B	C	D
1	序号	编号1	编号2	是否重复
2	1	2020145546	2020481001	
3	2	2020174644	2020319290	
4	3	2020444813	2020607850	
5	4	2020465580	2020209341	
6	5	2020187330	2020122141	
7	6	2020346389	2020412976	
8	7	2020443537	2020408038	
9	8	2020412976	2020386838	和第6行重复
10	9	2020196912	2020349253	
11	10	2020272514	2020436504	
12	11	2020209341	2020178882	和第4行重复
13	12	2020331693	2020595483	
14	13	2020457042	2020358681	
15	14	2020498231	2020509903	
16	15	2020380778	2020448093	
17	16	2020181043	2020534947	
18	17	2020156256	2020174930	
19	18	2020186116	2020679486	
20	19	2020455666	2020687442	
21	20	2020219154	2020292174	

上左图中B列和C列分别为两组不同的编号，其中编号必须要保持唯一的，不能重复。在D2单元格中输入公式“MATCH(B2,$C$2:$C$100,0)”，然后将公式向下填充到D100单元格，如果没有重复的编号则显示“#N/A”，如有则显示数字，表示在C2:C100单元格区域中的行数。

在上右图中的D2单元格中输入公式“=IFNA("和第"&MATCH(B2,$C$2:$C$100,0)&"行重复","")”，使用IFNA函数将返回“#N/A”的值不显示，如果重复则“返回和第xx行重复”。

（2）INDEX函数

INDEX函数包含两种形式，分别为引用形式和数组形式。

引用形式

INDEX函数的引用形式返回指定的行与列交叉处的单元格引用。

表达式：INDEX(reference,row_num,column_num,area_num)

Reference表示对一个或多个单元格区域的引用；Row_num表示要从中返回引用中的行编号，如果reference只有一行则可以省略该参数，若该参数超过行则返回#REF!错误值；Column_num表示要从中返回引用中的列编号；Area_num用于选择要从中返回row_num和column_num的交叉点的引用区域。

数组形式

INDEX函数的数组形式返回指定的数值或数值数组。

表达式：INDEX(array,row_num,column_num)

Array表示一个单元格区域或数组常量；Row_num表示选择数组中的行，如果省略row_num，则需要使用column_num；Column_num表示选择数组中的列，如果省略column_num，则需要使用row_num。

下面举例说明，如下图所示。

B15		fx	{=INDEX(B2:E13,A15,0)}		
	A	B	C	D	E	F
1		华为	海尔	小米	海信	
2	1月	364	444	380	277	
3	2月	299	450	104	268	
4	3月	227	239	369	177	
5	4月	378	255	321	363	
6	5月	302	196	230	179	
7	6月	140	217	220	376	
8	7月	432	234	321	437	
9	8月	394	355	226	481	
10	9月	214	109	356	269	
11	10月	301	224	299	224	
12	11月	317	455	255	490	
13	12月	450	232	348	381	
14						
15	1	364	444	380	277	
16	2	299	450	104	268	

上图中A15和A16单元格中数值是直接输入。其中B15:E15单元格区域是使用INDEX函数的数组形式，选中该单元格区域输入数组形式的公式"=INDEX(B2:E13,A15,0)"，按"Ctrl+Shift+Enter"组合键即可计算出结果。A15单元格中为数字1，在B15:E15单元格区域中显示B2:E13单元格区域中的第1行的内容，即"1月"份的数值。

数组公式就是多重运算，返回一个或多个结果。和普通公式区别在于，数组公式必须按Ctrl+Shift+Enter组合键结束，其公式被大括号括起来（注意：不是手动输入的是按组合键后自动生成的），而且是对多个数据同时进行计算的。

B16:E16单元格区域是使用INDEX函数的引用形式，在B16单元格中输入公式"=INDEX(B2:B13,$A$16)"，将公式向右填充至E16单元格区域。A16单元格中为2，则显示B2:B13单元格区域的第2行即B3单元格中的值。

如果创建动态图表，只需要将B15:E15或者B16:E16单元格区域创建图表，然后插入组合框控件，设置控件的数据源为A2:A13单元格区域，链接A15单元格，设置完成后单击控件下三角按钮，在列表中选择对应的月份，在图表中即可显示该月份的数据，如下图所示。

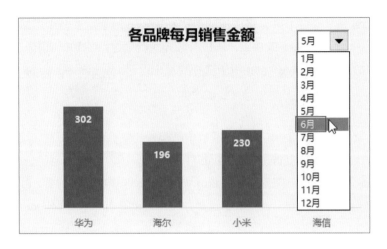

3. 查找数据的函数

使用查找数据的函数查找单元格区域中的某单元格的内容，并进行显示。主要包括CHOOSE、VLOOKUP、HLOOKUP和LOOKUP函数。下面主要介绍CHOOSE和VLOOKUP两个动态图表中常用的函数。

（1）CHOOSE函数

CHOOSE函数在数值参数列表中返回指定的数值参数。

表达式：CHOOSE(index_num,value1,[value2],...)

Index_num必要参数，表示数值表达式或字段，它的运算结果是一个数值，且界于1和254之间的数字，或者为公式或对包含1到254之间某个数字的单元格的引用；Value1,value2,...为数值参数，参数的个数介于1到254之间。CHOOSE函数基于index_num从这些值参数中选择一个数值或一项要执行的操作。参数可以为数字、单元格引用、已定义名称、公式、函数或文本等。

下面我们举例说明，如下图所示。

在D2单元格中公式为"=CHOOSE(IF(C2>30,3,IF(C2>20,2,1)),"合格","待检验","不合格")"，其中IF函数返回的结果作为CHOOSE函数的第一个参数值，当C2大30时返回数字3；当C2小于等于30，大于20时，返回数字2；当C2小于20时，返回数字1。CHOOSE函数再根据返回的数值从第2到第4个参数中选择。

	A	B	C	D
1	序号	产品	残次品数量	判断结果
2	1	产品1	15	合格
3	2	产品2	30	待检验
4	3	产品3	44	不合格
5	4	产品4	19	合格
6	5	产品5	24	待检验
7	6	产品6	49	不合格
8	7	产品7	17	合格
9	8	产品8	44	不合格
10	9	产品9	11	合格
11	10	产品10	4	合格
12	11	产品11	39	不合格
13	12	产品12	45	不合格
14	13	产品13	24	待检验
15	14	产品14	8	合格
16	15	产品15	3	合格

（2）VLOOKUP函数

VLOOKUP函数在单元格区域的首列查找指定的数值，返回该区域的相同行中任意指定的单元格中的数值。

表达式：VLOOKUP(lookup_value,table_array,col_index_num,range_lookup)

参数含义：Lookup_value表示需要在数据表第一列中进行查找的数值，lookup_value可以为数值、引用或文本字符串；Table_array表示在其中查找数据的数据表，可以引用区域或名称，数据表的第一列中的数值可以是文本、数字或逻辑值；Col_index_num为table_array 中待返回的匹配值的列序号；Range_lookup为一逻辑值，指明函数VLOOKUP函数查找时是精确匹配，还是近似匹配。

下面我们举例说明，如下图所示。

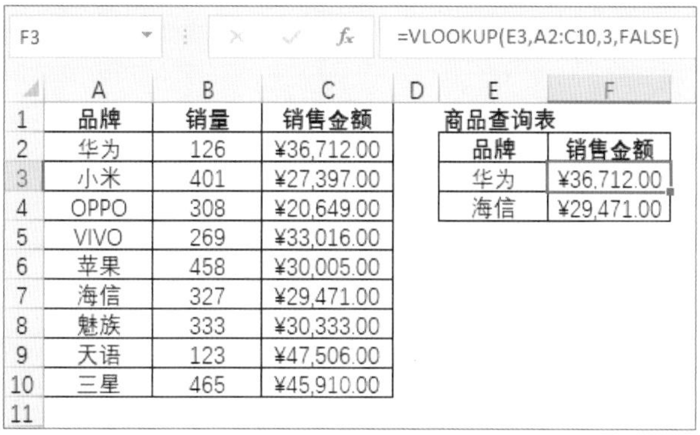

	A	B	C	D	E	F
1	品牌	销量	销售金额		商品查询表	
2	华为	126	¥36,712.00		品牌	销售金额
3	小米	401	¥27,397.00		华为	¥36,712.00
4	OPPO	308	¥20,649.00		海信	¥29,471.00
5	VIVO	269	¥33,016.00			
6	苹果	458	¥30,005.00			
7	海信	327	¥29,471.00			
8	魅族	333	¥30,333.00			
9	天语	123	¥47,506.00			
10	三星	465	¥45,910.00			
11						

上图中在F3单元格中输入公式“=VLOOKUP(E3,A2:C10,3,FALSE)”，表示在A2:C10单元格区域中第一列查找与E3单元格中对应的品牌，返回同一行中向右移动两列中对应单元格的值。

在VLOOKUP函数的第3个参数与OFFSET函数中第2和第3个参数在移动时是有区别的，VLOOKUP函数的参照单元格所在列的为第1列，而OFFSET函数的第2和第3个参数是不包含参照单元格所在的行或列的。

9.1.3 动态图表中常用的控件

使用控件可切换不同的对象或场景从而使图表动起来。在Excel中包含十几种控件类型，如按钮、组合框、复选框、单选框、微调按钮、标签和滚动条等。下面介绍几种动态图表中常用的控件。

有Excel中控件有两种，分别是“窗体控件”和“ActiveX控件”。两种控件可以制作出相同的效果，但它们也有很多不同的地方。“ActiveX控件”是VBE中用户窗体控件的子集，与本章内容无关。本章所有的控件均为“窗体控件”。

1. 组合框

组合框用于显示多个选项并且可以从中选择1个选项。在Excel中创建组合框控件需要设置控件的格式，可以通过两种方法设置，第一种右击控件，在快捷菜单中选择“设置控件格式”命令，第二种选中控件，在“开发工具”选项卡的“控件”选项组中单击“属性”按钮。打开“设置控件格式”对话框，在该对话框中主要设置“控制”选项卡中相关参数，如下图所示。

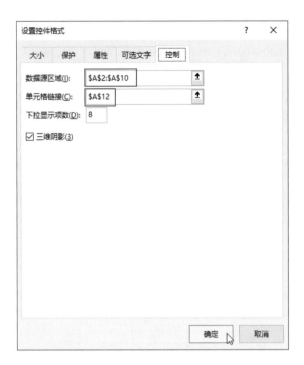

数据源区域：该组合框的数据范围，选择某单元格区域后，在列表中显示单元格区域的内容。

单元格链接：该参数决定控件在表格中的赋值对象，也就是单击控件时希望哪个单元格随着变化。

下拉显示项数：表示单击列表框下三角按钮，在列表中显示选项的数量。

三维阴影：勾选该复选框控件具有立体阴影效果。

除了"控制"选项卡之外，还包括"大小""保护""属性""可选文字"里面参数比较简单，而且很少涉及，此处不再介绍。

2. 复选框

复选框控件是一个选择控件，通过勾选可以选择和取消选择，一般为多项选择。复选框控件的格式如下左图所示。

未选择：显示未选中的选项按钮。

已选择：显示已选中的选项按钮。

3. 选项按钮

选项按钮通常是几个选项按钮组合在一起使用，在一组中只能选择一个选项按钮。其设置的格式参数与"复选框"控件一样。

4. 滚动条

滚动条不是常见的来给很长的窗体添加滚动能力的控件，而是一种选择机制。包括水平滚动条和垂直滚动条。滚动条的格式如下右图所示。

当前值：是控件当前的赋值，它随着控件的变化而变化，不是固定的值。

最小值和最大值：根据实际案例而定，例如需要调整1年中各月份的变化，则最小值设为1，最大值设为12。

步长：步长是指每次单击按钮时值的增加或减少的幅度。

页步长：控制在滚动框两侧的滚动条内单击时当前值将增加的数量。

5. 按钮

按钮控件用于执行宏命令，当在Excel中绘制按钮后自动弹出"指定宏"对话框，如果之前已经录制完宏，则在中间列表框中显示宏的名称，直接选择即可。用户也可以单击"录制"按钮进行录制宏。

为按钮指定宏后，单击该按钮即可执行宏命令。"指定宏"对话框，如下图所示。

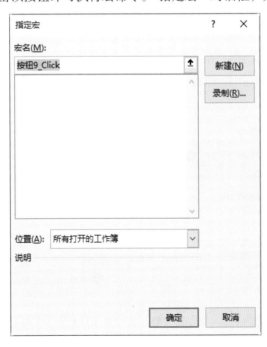

9.2 始终显示最近5天的销售数据

扫码看视频

某公司每天统计当天的销售数据，并使用折线图展示最近5天的销售数据。如何让图表自动显示最近的数据呢?

本案例的图表不需要使用控件，只需要使用OFFSET函数结合定义名称即可完成。下面介绍具体操作方法。

Step 01 打开 "2020年每日销售统计.xlsx" 工作簿，统计从2020年1月1日起到5月1日的每天的销售数据。为了展示完整将第10行到第118行数据隐藏起来，如下左图所示。

Step 02 选中表格中任意单元格❶，切换至 "公式" 选项卡❷，单击 "定义的名称" 选项组中 "定义名称" 按钮❸，如下右图所示。

Step 03 打开 "新建名称" 对话框，在 "名称" 文本框中输入 "日期" 文本❶，在 "引用位置" 文本框中输入 "=OFFSET(Sheet1!$B$2,COUNT(Sheet1!$B:$B)-5,,5)" 公式❷，单击 "确定" 按钮❸，如下图所示。

Step 04 根据相同的方法定义名称为 "销量" ❶，在 "引用位置" 文本框中输入 "=OFFSET(日期,,-1)" ❷，单击 "确定" 按钮❸，如下左图所示。

Step 05 选择A1:B6单元格区域，切换至 "插入" 选项卡，插入折线图，如下右图所示。

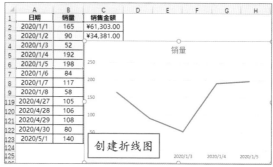

Step 06 右击图表，在快捷菜单中选择"选择数据"命令，打开"选择数据源"对话框，单击"图例项"选项区域中"编辑"按钮，打开"编辑数据系列"对话框，设置"系列值"为"=Sheet1!日期"❶，单击"确定"按钮❷，如下左图所示。

Step 07 返回上级对话框，单击"水平轴标签"选项区域中"编辑"按钮，打开"轴标签"对话框，设置"轴标签区域"为"=Sheet1!销量"❶，单击"确定"按钮❷，如下右图所示。

Step 08 返回工作表中，可见折线图中显示最近5天的销量数据，如下左图所示。

Step 09 设置折线的颜色和宽度，以平滑线显示，并添加数据标签。设置纵坐标轴的单位为50，再设置图表的标题并添加相关文本说明，如下右图所示。

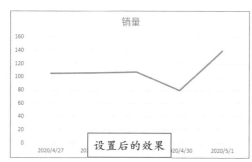
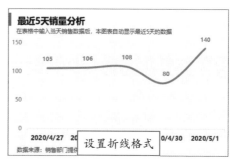

Step 10 在数据表中最后一行添加相关数据，可见图表自动更新，纵横坐标轴和数据发生变化，如右图所示。

日期	销量	销售金额
2020/1/1	165	¥61,303.00
2020/1/2	90	¥34,381.00
2020/1/3	52	¥32,328.00
2020/1/4	192	¥78,576.00
2020/1/5	198	¥40,870.00
2020/1/6	84	¥36,871.00
2020/1/7	117	¥67,894.00
2020/1/8	58	¥38,601.00
2020/4/27	105	¥69,384.00
2020/4/28	106	¥72,518.00
2020/4/29	108	¥40,345.00
2020/4/30	80	¥28,363.00
2020/5/1	140	¥12,707.00
2020/5/2	180	¥23,500.00

9.3 使用按钮控制图表的类型和内容

扫码看视频

按钮控件是执行宏命令的，所以本节还需要录制宏。宏实际上是VBA的一种，其创建方法比较直观，可以直接录制宏，而无须编写代码。

在本案例中可以通过按钮控制图表的由柱形图更改为折线图，再由折线图更改成柱形图，图表中显示第一季度数据更改为显示第二季度的数据。本案例没有涉及重组数据，只需要通过宏完成。下面介绍具体操作方法。

Step 01 打开"各品牌每季度的销量统计.xlsx"工作簿，可见工作表中包含源数据表格和第一季度各品牌销量的柱形图，如下图所示。

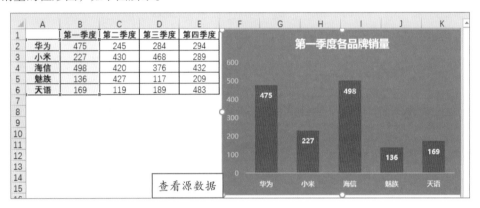

Step 02 切换至"开发工具"选项卡❶，单击"代码"选项组中"录制宏"按钮❷，如下左图所示。

Step 03 打开"录制宏"对话框，在"宏名"文本框中输入"折线图"❶，用户也可以设置快捷键、保存在以及说明，单击"确定"按钮❷，如下右图所示。

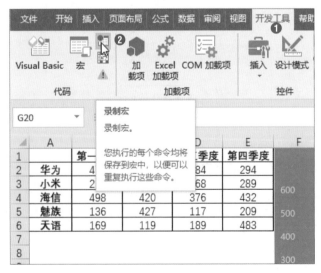

Step 04 此时启动录制宏，右击图表，在快捷菜单中选择"更改图表类型"命令，在打开的对话框中更改为柱形图，然后再单击"代码"选项组中"停止录制"按钮，如下图所示。

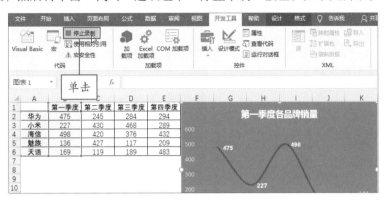

Step 05 将折线图更改为原来的柱形图❶，再切换至"开发工具"选项卡❷，单击"控件"选项组中"插入"下三角按钮❸，在列表的"表单控件"区域中选择"按钮(窗体控件)"❹，如下左图所示。

Step 06 光标变为十字形状，在工作表中绘制按钮，同时打开"指定宏"对话框，在列表框中选择"折线图"选项❶，单击"确定"按钮❷，如下右图所示。

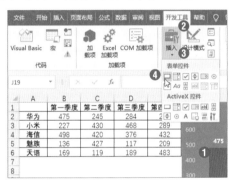 

Tips

提示 | 编辑宏

在"指定宏"对话框中选择宏后单击"编辑"按钮，可以打开VBE窗口，显示该宏的代码，如下图所示。如果需要可以对代码进行修改。

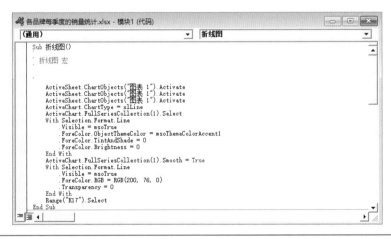

Step 07 返回工作表中双击添加的按钮，删除文本并输入"折线图"文本，用户可以在"开始"选项卡的"字体"选项组中设置文本格式。只需要单击该按钮即可将柱形图更改为折线图，如下图所示。

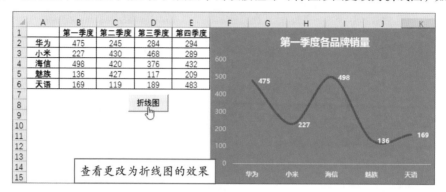

Step 08 根据相同的方法添加"柱形图"按钮，用于将折线图更改为柱形图。用户也可以更改图表的显示内容。打开"录制宏"对话框，设置宏名为"显示第二季度的数据"，右击图表，在快捷菜单中选择"选择数据"命令，打开"选择数据源"对话框，单击"图表数据区域"右侧折叠按钮，选择A1:A6和C1:C6单元格区域❶，单击"确定"按钮❷，如下图所示。

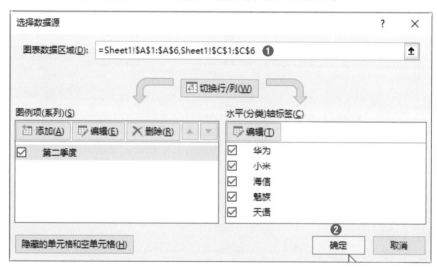

Step 09 返回工作表中将图表修改为显示第一季度的数据。创建按钮控件，并设置指定的宏，修改按钮的名称，当单击该按钮时图表中会显示第二季度的数据，如下图所示。读者可以根据需要再创建其他相关的按钮。

9.4 使用复选框控制图表中品牌

扫码看视频

　　某公司统计六大地区四大手机品牌的需求量，其中单位是万部。将所有数据通过柱形图显示，在分析数据时还需要显示不同品牌的数据，有可能显示所有品牌，也有可能显示部分品牌，此时只能使用复选框控件了。

1. 添加控件创建辅助数据

　　根据品牌创建相关的复选框控件，然后针对各品牌创建辅助数据。在创建辅助数据时使用IF函数判断显示的数据。下面介绍具体操作方法。

Step 01 打开"各分区各品牌的需求量统计.xlsx"工作簿，在B9:E9单元格区域中输入TRUE，如下图所示。

	A	B	C	D	E	F	G
1		华为	小米	海信	天语		单位:万部
2	华北大区	356	146	114	346		
3	华南大区	330	407	250	214		
4	西北大区	180	410	375	261		
5	华中大区	320	397	124	406		
6	西南大区	34			117		
7	东北大区	19		3	273		
8							
9		TRUE	TRUE	TRUE	TRUE		
10							

（输入辅助数据）

Step 02 切换至"开发工具"选项卡❶，在"控件"选项组中单击"插入"下三角按钮❷，在列表中选择"复选框(窗体控件)"选项❸，如下左图所示。

Step 03 在A10单元格中绘制复选框并重命名为"华为"，右击控件，在快捷菜单中选择"设置控件格式"命令，打开"设置对象格式"对话框，在"控制"选项卡中设置"单元格链接"为B9单元格❶，单击"确定"按钮❷，如下右图所示。

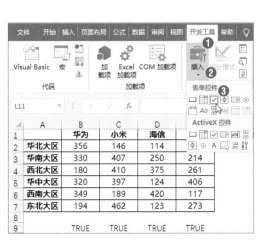

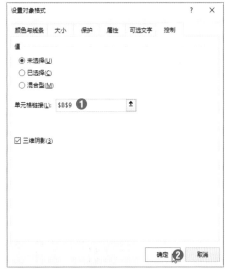

第9章

Step 04 返回工作表中当勾选该复选框时，B9单元格中显示TRUE，如果未勾选则显示FALSE。然后在B10单元格中输入"=IF($B$9=TRUE,B2,"")"公式，并将公式向下填充至B15单元格，即可计算出"华为"的数据，如下图所示。

B10	▼	× ✓ fx	=IF($B$9=TRUE,B2,"")		
▲	A	B	C	D	E	F
8						
9	☑ 华为	TRUE	TRUE	TRUE	TRUE	
10		356				
11		330				
12		180				
13		320				
14		349	计算华为的数据			
15		194				

Step 05 根据相同的方法创建其他3个复选框，对应的复选框设置单元格链接为对应列中的辅助单元格。然后在对应的单元格中输入公式，如下图所示。

▲	A	B	C	D	E
8					
9		TRUE	TRUE	TRUE	TRUE
10	☑ 华为	356	146	114	346
11	☑ 小米	330	407	250	214
12	☑ 海信	180	410	375	261
13	☑ 天语	320	397	124	406
14		349	189	420	117
15		制作其他复选框		123	273
16					

2. 创建图表

辅助数据创建完成后，可以根据该数据创建图表，然后进行相关设置。即可通过复选框控制图表，下面介绍具体操作。

Step 01 选择B10:E15单元格区域，在"插入"选项卡中创建簇状形图，效果如下图所示。

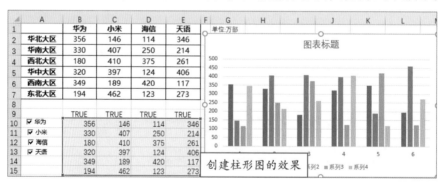

Step 02 右击图表，在快捷菜单中选择"选择数据"命令，在打开的对话框，单击"水平（分类）轴标签"选项区域中"编辑"按钮，打开"轴标签"对话框，选择A2:A7单元格区域❶，单击"确定"按钮❷，如下图所示。

Step 03 可见图表的横坐标轴显示六大地区的名称，设置柱形图的柱形的间隙宽度和颜色、图表区的颜色，添加相关文本说明和图例的位置，效果如下图所示。

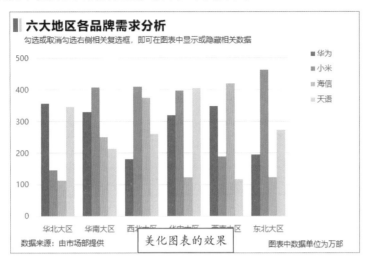

Step 04 选中复选框，切换至"绘图工具-格式"选项卡，单击"排列"选项组中"上移一层"下三角按钮，在列表中选择"置于顶层"选项，如下图所示。

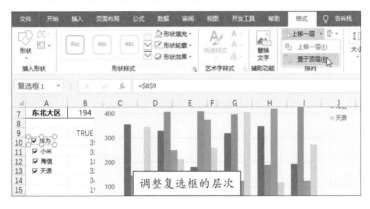

Step 05 根据相同的方法设置其余3个复选框的层次，然后移到图表右侧图例的下方，并设置4个复选框左对齐和纵向分布，效果如下图所示。

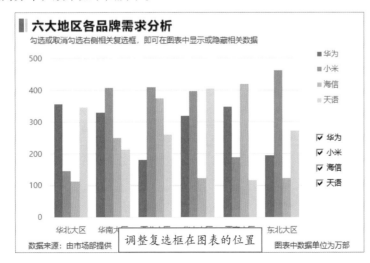

Step 06 在图表中绘制一个矩形能够覆盖住4个复选框，设置无填充和浅灰色边框。再绘制一个小矩形设置白色填充和无边框，移到大点矩形的上方，覆盖住部分上边线。最后添加文本框输入"品牌"，效果如下图所示。

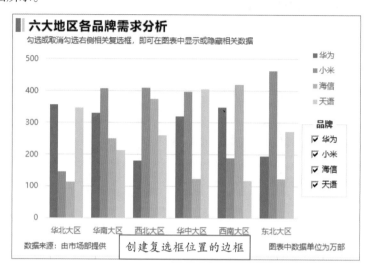

Step 07 将图表中所有元素组合在一起，然后勾选相应的品牌复选框即可在图表中显示对应的数据，例如勾选"华为"和"天语"复选框，则图表中只显示这两个品牌的数据系列，如下图所示。

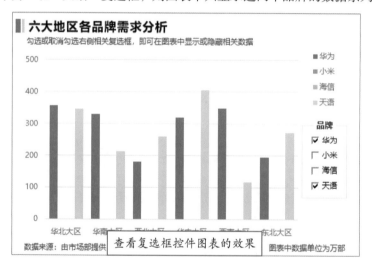

Tips

提示 | 使用复选框控制图表的思路

在Excel中使用复选框控制图表，根据复选框是否被勾选添加辅助行，勾选时显示TRUE未勾选显示FALSE。接着使用IF函数判断复选框是否被勾选时显示的数据，最后根据数据创建图表并进行适当美化即可。

9.5 使用组合框控制图表

扫码看视频

使用组合框控制图表时，通过下拉列表选择相应的项目，在图表中显示该项目的数据信息。组合框控件也是我们经常使用的控件之一，它和选项按钮控件一样只能选择一个项目，但是当项目数量较多时，组合框要优于选项按钮。

本节主要介绍两个使用组合框控制图表的案例，第一个是通过定义动态名称作为组合框的数据源；第二个是重组数据作为数据源。

9.5.1 使用折线图展示指定日期内的生产量

企业从2016年1月成立，每月统计生产量并记录在案，如果需要不定期查看任意日期期间内的生产量时，可以使用动态的图表。为了展示期间内的数据变化则使用折线图，下面介绍通过组合框、定义名称和折线图创建动态图表。

Step 01 打开"最近5年内每月生产量统计.xlsx"工作簿，源数据表格中包含60条数据，而且还会更多。切换至"公式"选项卡，单击"定义名称"按钮，在打开的"新建名称"对话框中设置"名称"为"日期"❶，在"引用位置"文本框中输入公式"=OFFSET ($A$2,,,COUNTA ($A:$A)- 1,1)"❷，单击"确定"按钮❸，该日期名称作为组合框控件的数据源，如右图所示。

> **Tips**
>
> ### 提示 | COUNTA函数
>
> COUNTA函数返回区域中不为空的单元格的个数。
> 表达式：COUNTA (value1,value2,...)
> value1,value2,...表示需要统计的值或单元格，最为255个参数。参数包括任何类型的信息，如文本、逻辑值、空文本等。

Step 02 在"开发工具"选项卡中单击"插入"下三角按钮，在列表中选择"组合框（窗体控件）"，在工作表中绘制组合框，该组合框作为起始日期。打开"设置控件格式"对话框，在"控制"选项卡中设置"数据源区域"为"日期"名称❶、"单元格链接"为D3单元格❷，勾选"三维阴影"复选框❸，单击"确定"按钮❹，如下左图所示。

Step 03 在右侧再绘制组合框，设置"数据源区域"为"日期"、"单元格链接"为D4单元格，如下右图所示。

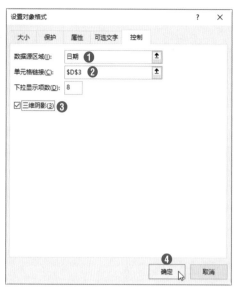
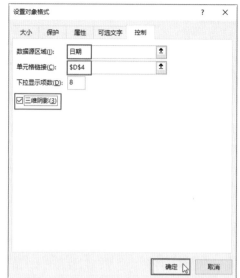

Step 04 再次打开"新建名称"对话框，设置"名称"为"生产日期"❶、"引用位置"中输入"=OFFSET($A$2,$D$3-1,,$D$4-$D$3+1,1)"公式❷，单击"确定"按钮❸，如下左图所示。

Step 05 再次打开"新建名称"对话框，设置"名称"为"生产量"❶、"引用位置"中输入"=OFFSET($B$2,$D$3-1,,$D$4-$D$301,1)"公式❷，单击"确定"按钮❸，如下右图所示。

Tips

提示 | 查看定义的名称

在Excel中定义名称后，用户可以查看或编辑名称，切换至"公式"选项卡，单击"定义的名称"选项组中"名称管理器"按钮，在打开的对话框中选择名称，在"引用位置"文本框中显示公式或单元格区域。用户可以根据需要编辑或删除名称，如右图所示。

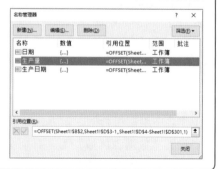

Step 06 接下来需要通过定义的名称创建折线图，将光标定位在表格之外任意空白单元格中❶，切换至"插入"选项卡❷，单击"图表"选项组中"插入折线图或面积图"下三角按钮❸，在列表中选择"折线图"选项❹，即可创建空白的折线图，如下左图所示。

Step 07 选中图表打开"选择数据源"对话框，单击"图例项"选项区域中"添加"按钮❶，打开"编辑数据系列"对话框，设置"系列名称"引用A1单元格❷，"系列值"引用"生产日期"名称❸，单击"确定"按钮❹，如下右图所示。

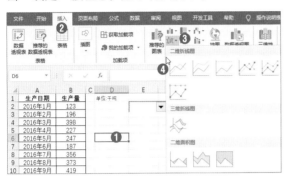

> **Tips**
>
> **提示 | 引用名称时注意事项**
>
> 在"编辑数据系列"对话框中设置"系列值"时，引用当前工作簿中名称，所以在名称前输入当前工作表的名称，注意在工作表名称和定义的名称之间输入英文状态下感叹号。

Step 08 根据相同的方法添加生产量的数据系列，设置"系列值"为"=Sheet1!生产量"❶，单击"确定"按钮❷，如下左图所示。

Step 09 此时工作表中图表发生了变化，纵坐标轴为0到1的刻度，如下右图所示。

纵坐标轴的效果

Step 10 分别单击组合框下三角按钮，在列表中选择开始日期和结束日期，可见图表的折线为两条水平直线，因为纵坐标轴为日期，如下图所示。

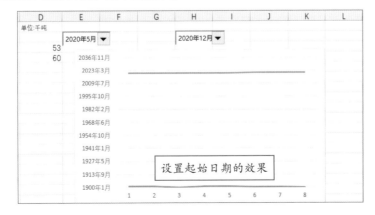

设置起始日期的效果

Step 11 选中图表，切换至"图表工具-设计"选项卡，单击"数据"选项组中"切换行/列"按钮，折线图即可正常显示，如下图所示。

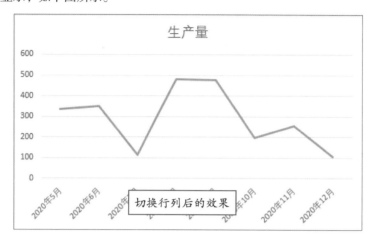

Step 12 然后设置折线的颜色和宽度并平滑显示，将组合框移到图表的上方并添加"起始日期"和"结束日期"文本，最后设置图表标题，最终效果如下图所示。

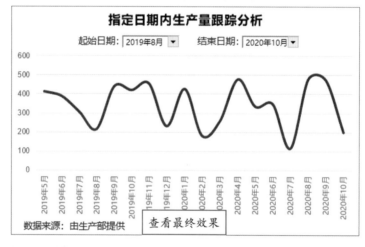

9.5.2 制作动态的双层饼图

企业统计出四大地区2020年每季度的销售金额，现在需要通过图表展示不同地区的销售金额的比例，而且展示每个地区各季度的数据。如果在同一图表中显示所有数据，有点太乱，可以通过动态图表展示各地区的比例，同时根据需要显示某地区的各季度数据。

1. 重组数据

首先根据源数据进行重组，使用函数分别计算出各地区的总销售金额，以及指定地区的每季度金额，根据两组数据创建双层饼图。

Step 01 打开"2020年不同地区每季度的销售金额.xlsx"工作簿，在E2:E6单元格区域中输入辅助数据，E2单元格中输入1，在E3:E6单元格区域中输入地区的名称，如下图所示。

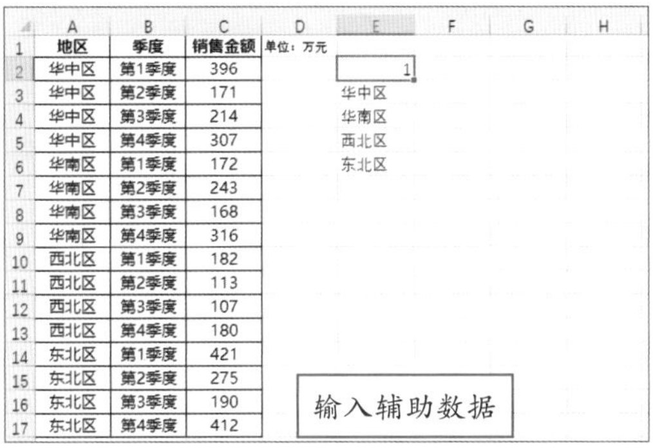

输入辅助数据

Step 02 选择F2单元格并输入"=CHOOSE(E2,E3,E4,E5,E6)"公式,按Enter键即可返回E3:E6单元格区域中第1行的内容,如下左图所示。

Step 03 接着需要在F3:F5单元格区域中显示其他地区名称,在F3单元格输入"=INDEX($E$3:$E$6,MIN(IF(COUNTIF($F$2:F2,$E$3:$E$6)=0,ROW($A$1:$A$4),5)))"公式,按Ctrl+Shift+Enter组合键,如下右图所示。

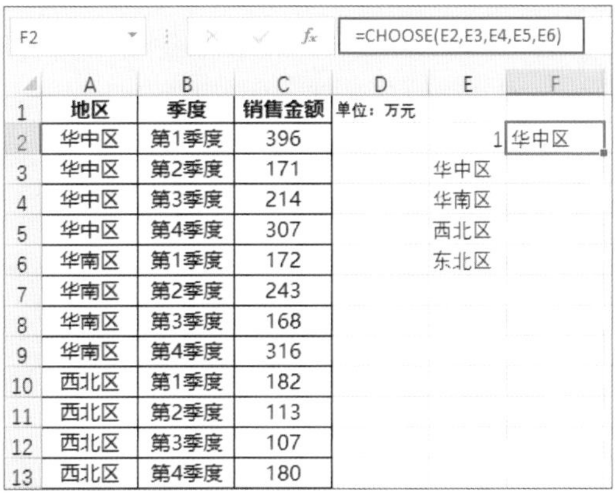

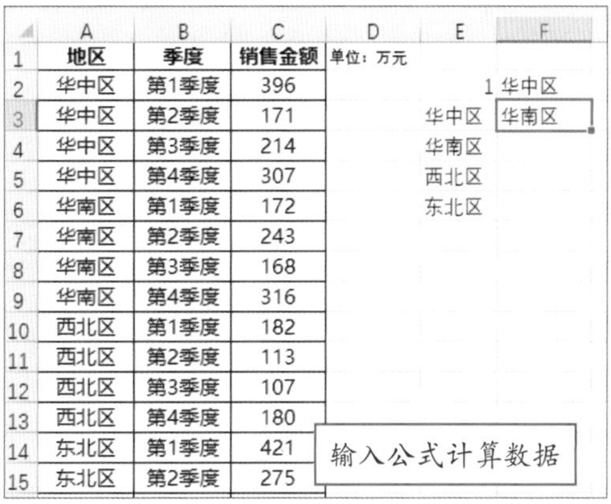

输入公式计算数据

> **Tips**
>
> ### 提示 | 公式中各函数的含义
>
> MIN函数返回一组数值中的最小值,忽略逻辑值和文本。
> 表达式:MIN(number1,number2,…)
> 参数含义:Number1,number2表示查找最小值的数值参数,数量最多为255个,参数可以是数字或包含数字的名称、数组或引用。
> IF函数根据指定的条件来判断真(TRUE)或假(FALSE),根据逻辑计算的真假值,从而返回相应的内容。
> 表达式:IF(logical_test,value_if_true,value_if_false)
> Logical_test表示公式或表达式,其计算结果为TRUE 或者FALSE;Value_if_true为任意数据,表示logical_test求值结果为TRUE时返回的值,该参数若为字符串时,需加上双引号;Value_if_false为任意值,表示logical_test结果为FALSE时返回的值。
> COUNTIF函数对指定单元格区域中满足指定条件的单元格进行计数。
> 表达式:COUNTIF(range,criteria)
> Range表示对其进行计数的单元格区域;Criteria表示对某些单元格进行计数的条件,其形式为数字、表达式、单元格的引用或文本字符串,还可以使用通配符。

Step 04 然后将公式向下填充至F5单元格区域。选中G2单元格,并输入公式"=SUMIF($A$2:$A$17,F2,$C$2:$C$17)",按Enter键即可计算F2单元格中地区的总销售金额,如下图所示。

提示 | SUMIF函数的含义

SUMIF函数返回指定数据区域中满足条件的数值进行求和。

表达式：SUMIF(range,criteria,sum_range)

Range表示根据条件计算的区域；Criteria表示求和条件，其形式可以为数字、逻辑表达式、文本等，当为文本条件或含有逻辑或数学符号的条件必须使用双引号；Sum_range 表示实际求和的区域，如果省略该参数，则条件区域就是实际求和区域。

Step 05 将G2单元格中公式向下填充到G5单元格即可计算出所有地区的总销售金额。选中F6:G9单元格区域输入数组公式计算出F2单元格中地区名称的4个季度销售金额，公式为"=OFFSET($A$1, MATCH($F$2,$A$2:$A$17,0),1,4,2)"，按Ctrl+Shift+Enter组合键执行计算，如下图所示。

提示 | 步骤中公式的含义

在本步骤中的公式，使用OFFSET函数显示指定的单元格区域，其中MATCH函数查找F2单元格中地区名称在A2:A17单元格区域中的行数。

Step 06 在G10单元格中输入"=SUM(G3:G5)"公式，按Enter键计算出除了F2单元格中地区外其他3个地区的总销售额，如下图所示。

	A	B	C	D	E	F	G	
	G10			fx	=SUM(G3:G5)			
1	地区	季度	销售金额	单位：万元				
2	华中区	第1季度	396			1	华中区	1088
3	华中区	第2季度	171			华中区	华南区	899
4	华中区	第3季度	214			华南区	西北区	582
5	华中区	第4季度	307			西北区	东北区	1298
6	华南区	第1季度	172			东北区	第1季度	396
7	华南区	第2季度	243				第2季度	171
8	华南区	第3季度	168				第3季度	214
9	华南区	第4季度	316				第4季度	307
10	西北区	第1季度		计算其他3个区的总额			其他地区	2779
11	西北区	第2季度						

Tips

提示 | SUM函数的含义

SUM函数返回单元格区域中数字、逻辑值以及数字的文本表达式的之和。

表达式：SUM(number1,number2, ...)

Number1和Number2表示需要进行求和的参数，参数的数量最多为255个，该参数可以是单元格区域、数组、常量、公式或函数。

2.创建双层饼图

根据季度和其他地区的数据创建饼图，然后再添加地区的数据，通过设置次坐标轴创建双层饼图，下面介绍具体操作方法。

Step 01 选择F6:G10单元格区域，在"插入"选项卡中插入饼图，效果如下图所示。

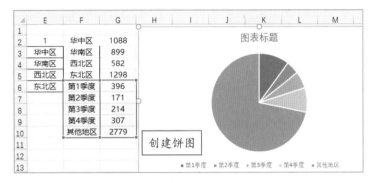

Step 02 右击饼图，在快捷菜单中选择"选择数据"命令，打开"选项择数据源"对话框，单击"添加"按钮，打开"编辑数据系列"对话框，设置"系列名称"引用A1单元格❶，"系列值"引用G2:G5单元格区域❷，依次单击"确定"按钮❸，如下左图所示。

Step 03 右击饼图，选择"更改图表类型"命令，在打开的对话框中都设置为饼图，设置"系列1"为次坐标轴❶，单击"确定"按钮❷，如下右图所示。

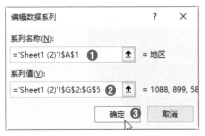

第9章

Step 04 返回工作表中删除图例，适当调整图表区和绘图区的大小。选择"系列1"扇区❶，在"设置数据系列格式"导航窗格的"系列选项"选项区域中设置"饼图分离"为50%❷。然后逐个将分离的扇区移到中心位置，如下图所示。

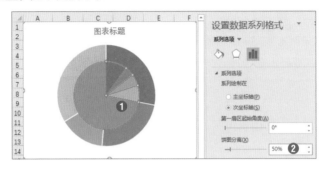

Step 05 为饼图中各扇区填充颜色，然后再为饼图添加数据标签，并设置数据标签的显示内容和格式，效果如下图所示。

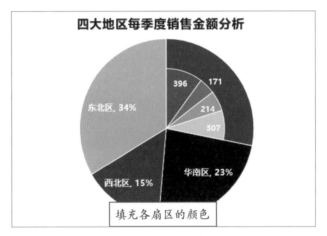

Step 06 在"开发工具"选项卡中插入"组合框"控件，在饼图的右上角绘制。打开"设置对象格式"对话框，设置数据源区域为E3:E6❶、单元格链接为E2单元格❷，单击"确定"按钮❸，如下左图所示。

Step 07 单击组合框下三角按钮，在列表中选择查看的地区名称，即可在饼中显示该地区的每季度的销售金额。例如选择"西北区"选项，如下右图所示。

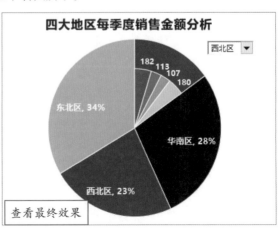

9.6 使用组合框和选项按钮控制图表

扫码看视频

　　某企业在八大城市都建立分公司，每个分公司分别销售4种品牌的手机。现在需要根据各品牌查看各分公司的销量，为了使数据清晰还可以对展示的数据进行升序或降序排列。

　　根据要求可以添加组合框和选项按钮两种控件，组合框控制图表中显示品牌的数据，选项按钮控制排序的类型。为了更好地展示各分公司的数据使用柱形图或条形图展示，但考虑到分公司的名称太长所以使用条形图。下面介绍具体操作方法。

Step 01 在G2:G5单元格区域中输入4类品牌的名称❶，然后在"开发工具"选项卡❷中插入"组合框"控件❸，如下图所示。

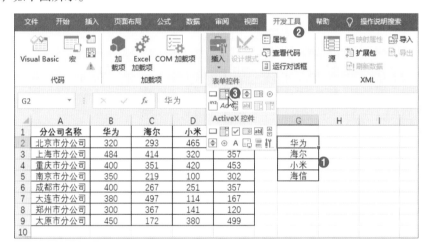

Step 02 绘制组合框控件，打开"设置对象格式"对话框，设置数据源区域为G2:G5单元格区域❶、单元格链接为G1单元格❷，单击"确定"按钮，如下图所示。

Step 03 在G1单元格中输入1，在I2单元格中输入"=INDEX(B2:E9,,$G$1)"公式，然后将公式向下填充I9单元格，如下图所示。

| I2 | ▼ | : | × | ✓ | f_x | =INDEX(B2:E9,,$G$1) |

▲	B	C	D	E	F	G	H	I
1	华为	海尔	小米	海信		1		
2	320	293	465	142		华为		320
3	484	414	320	357		海尔		484
4	400	351	420	453		小米		400
5	350	219	100	302		海信		350
6	400	267	251	357				400
7	380	497	114	167		华为 ▼		380
8	300	367	141	120				300
9	450	172						450
10								

引用华为的数据

Step 04 在J1:J2单元格区域中输入文本，通过J2设置排序的方式。选中L2单元格并输入"=IF($J$2=1, SMALL($I$2:$I$9,ROW(A1)),LARGE($I$2:$I$9,ROW(A1)))"，然后将公式向下填充至L9单元格, 如下图所示。

| L2 | ▼ | : | × | ✓ | f_x | =IF($J$2=1,SMALL($I$2:$I$9,ROW(A1)),LARGE($I$2:$I$9,ROW(A1))) |

▲	A	B	C	D	E	F	G	H	I	J	K	L
1	分公司名称	华为	海尔	小米	海信		1			排序方式		
2	北京市分公司	320	293	465	142		华为		320	1		300
3	上海市分公司	484	414	320	357		海尔		484			320
4	重庆市分公司	400	351	420	453		小米		400			350
5	南京市分公司	350	219	100	302		海信		350			380
6	成都市分公司	400	267	251	357				400			400
7	大连市分公司	380	497	114	167		华为 ▼		380			400
8	郑州市分公司	300	367	141	120				300			450
9	太原市分公司	450	172						450			484
10												

对引用数据进行排序

> **Tips**
>
> **提示 | 各函数的含义**
>
> SMALL函数返回数据集中第k个最小值。
> 表达式：SMALL(array,k)
> Array表示需要计算第k个最小数值的数值区域或数组；k表示返回数值的位置。
> LARGE函数返回数据集中第k个最大值。
> 表达式：LARGE(array,k)
> Array表示需要查找最大值的数组或数据区域；K表示返回值的位置。从大到小排列，如果k等于数据点的数量，则返回的是最小值。

Step 05 在K2单元格中输入"=INDEX($A$2:$A$9,MATCH(L2,$I$2:$I$9,0))"公式，在A2:A9单元格区域中查找L2销售数量对应的分公司名称，如下图所示。

| K2 | ▼ | : | × | ✓ | f_x | =INDEX($A$2:$A$9,MATCH(L2,$I$2:$I$9,0)) |

▲	A	B	C	D	E	F	G	H	I	J	K	L
1	分公司名称	华为	海尔	小米	海信		1			排序方式		
2	北京市分公司	320	293	465	142		华为		320	1	郑州市分公司	300
3	上海市分公司	484	414	320	357		海尔		484		北京市分公司	320
4	重庆市分公司	400	351	420	453		小米		400		南京市分公司	350
5	南京市分公司	350	219	100	302		海信		350		大连市分公司	380
6	成都市分公司	400	267	251	357				400		重庆市分公司	400
7	大连市分公司	380	497	114	167		华为 ▼	380			重庆市分公司	400
8	郑州市分公司	300	367	141	120						原市分公司	450
9	太原市分公司	450	172	380	499						海市分公司	484

查找各数据对应的名称

提示 | 步骤中公式的含义

在步骤中"=INDEX($A$2:$A$9,MATCH(L2,$I$2:$I$9,0))"公式，使用MATCH函数返回L2单元格中数值在I2:I9单元格区域中所在的行数，然后使用INDEX函数在A2:A9单元格区域中返回对应行数中单元格的内容。

Step 06 在M2单元格中输入"=600-L2"公式，将公式向下填充到M9单元格，然后为该列数据添加相应的名称，如下图所示。

M2		∶	×	✓	f_x	=600-L2					
▲	A	B	C	D	E	F	G	H	I	J	K	L	M
1	分公司名称	华为	海尔	小米	海信		1			排序方式	分公司名称	排序数据	辅助数据
2	北京市分公司	320	293	465	142		华为		320	1	郑州市分公司	300	300
3	上海市分公司	484	414	320	357		海尔		484		北京市分公司	320	280
4	重庆市分公司	400	351	420	453		小米		400		南京市分公司	350	250
5	南京市分公司	350	219	100	302		海信		350		大连市分公司	380	220
6	成都市分公司	400	267	251	357				400		重庆市分公司	400	200
7	大连市分公司	380	497	114	167		华为 ▼		380		重庆市分公司	400	200
8	郑州市分公司	300	367	141	120						太原市分公司	450	150
9	太原市分公司	450	172	380	499		创建辅助数据				上海市分公司	484	116
10													

提示 | 步骤中公式的含义

在步骤中"=600-L2"公式，是为了方便制作堆积柱形图而添加的辅助数据，因为所有数据没有超过600的，所以设置柱形总长度均为600。

Step 07 在"开发工具"选项卡中插入"选项按钮"控件❶，并重命名为"升序"，复制一份重命名为"降序"，并且设置单元格链接均为J2单元格❷，如下图所示。

Step 08 选中K1:M9单元格区域，在"插入"选项卡中插入堆积条形图，效果如下图所示。

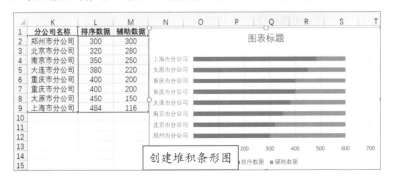

创建堆积条形图

Step 09 然后对堆积条形图进行美化，先删除图例和网格线，接着设置数据系列的颜色，突出分公司的数据系列并添加数据标签等，效果如下图所示。

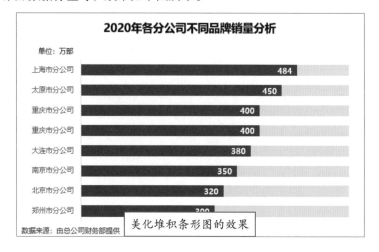

美化堆积条形图的效果

Step 10 然后将组合框控件移至图表右上角，并设置"置于顶层"，同样将选项按钮移到图表标题下方，并添加矩形将其括起来，选择所有元素并组合，效果如下图所示。

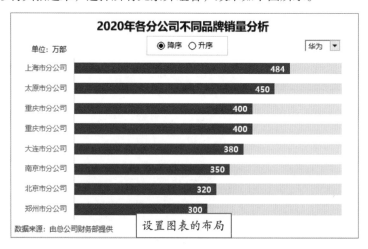

设置图表的布局

Step 11 在组合框中选择品牌名称，然后再选择排序方式，图表会按照要求显示相关数据。例如，选择"小米"品牌，设置"升序"排序方式，效果如下图所示。

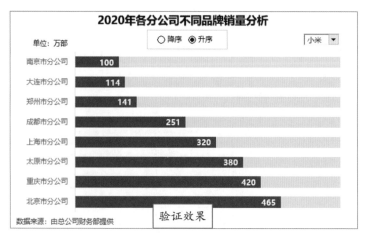

验证效果

使用列表框控制两张图表

　　某企业统计最近6年每月的费用支出，以及每年各项费用。现在需要查看每年每个月的费用支出情况以及该年各项费用支出。在Excel中需要使用一个控件控制两张图表，只需要在重组数据时将引用的单元格设置为控件链接的单元格即可实现。下面介绍具体操作方法。

Step 01 打开"最近6年企业每月费用以及各项费用统计.xlsx"工作簿，源数据包含两张表格，上面为每月的费用支出，下面为各项费用支出。选中A18单元格输入"=OFFSET($A$1,$A$17,COLUMN(A$1)-1)"公式，如下图所示。

	A	B	C	D	E	F	G	H	I	J	K	L	M	N
	A18				fx	=OFFSET($A$1,$A$17,COLUMN(A$1)-1)								
1	年份	1月	2月	3月	4月	5月	6月	7月	8月	9月	10月	11月	12月	单位: 万
2	2015年	4	25	29	32	21	34	27	19	28	26	34	21	
3	2016年	23	24	20	16	16	25	34	20	31	35	24	28	
4	2017年	34	26	17	17	17	28	23	20	26	18	23	33	
5	2018年	17	34	15	30	16	33	23	35	26	20	15	15	
6	2019年	26	26	14	28	98	30	31	29	36	20	25	15	
7	2020年	33	18	29	23	35	27	27	33	15	31	24	28	
8														
9	年份	工资	社保	出差	旅游	研发	投资	生产	房租					
10	2015年	89	31	12	18	50	70	13	17					
11	2016年	89	31	13	15	52	59	20	17					
12	2017年	89	31	10	9	60	41	25	17					
13	2018年	89	31	15	10	55	39	23	17					
14	2019年	89	31	28	20	68	90	35	17					
15	2020年	89	31	18	15	58	65	30	17					
16														
17														
18	年份				查看源数据并查找数据									
19														

Step 02 在A17单元格中输入1，该单元格用于链接列表框的控件，然后在B18单元格中输入"=OFFSET($A$1,$A$17,COLUMN(B$1)-1)"，按Enter键执行计算，然后将公式向右填充到M18单元格，如下图所示。

	A	B	C	D	E	F	G	H	I	J	K	L	M	N
	B18				fx	=OFFSET($A$1,$A$17,COLUMN(B$1)-1)								
1	年份	1月	2月	3月	4月	5月	6月	7月	8月	9月	10月	11月	12月	单位: 万
2	2015年	4	25	29	32	21	34	27	19	28	26	34	21	
3	2016年	23	24	20	16	16	25	34	20	31	35	24	28	
4	2017年	34	26	17	17	17	28	23	20	26	18	23	33	
5	2018年	17	34	15	30	16	33	23	35	26	20	15	15	
6	2019年	26	26	14	28	98	30	31	29	36	20	25	15	
7	2020年	33	18	29	23	35	27	27	33	15	31	24	28	
8														
9	年份	工资	社保	出差	旅游	研发	投资	生产	房租					
10	2015年	89	31	12	18	50	70	13	17					
11	2016年	89	31	13	15	52	59	20	17					
12	2017年	89	31	10	9	60	41	25	17					
13	2018年	89	31	15	10	55	39	23	17					
14	2019年	89	31	28	20	68	90	35	17					
15	2020年	89	31	18	15	58	65	30	17					
16						计算每月的数据								
17		1												
18	2015年	4	25	29	32	21	34	27	19	28	26	34	21	
19														

Step 03 在B17:M17单元格区域中输入B1:M1单元格区域中的内容。在B19单元格中输入"=IF(B\$18=MAX(\$B\$18:\$M\$18),B18,NA())"公式，并向右填充至M19单元格中，每月费用的数据创建完成，如下图所示。

B19			× ✓ fx		=IF(B\$18=MAX(\$B\$18:\$M\$18),B18,NA())							
▲	A	B	C	D	E	F	G	H	I	J	K	L	M
16												
17		1	1月	2月	3月	4月	5月	6月	7月	8月	9月	10月	11月	12月
18	2015年	4	25	29	32	21	34	27	19	28	26	34	21
19	辅助数据	#N/A	#N/A	#N/A	#N/A			/A	#N/A	#N/A	#N/A	34	#N/A
20						计算辅助数据						

Step 04 接着创建各项费用的数据。选中A21单元格并输入公式"=OFFSET(\$A\$9,\$A\$17,COLUMN(A\$9)-1)"，按Enter执行计算，在B21单元格中输入"=OFFSET(\$A\$9,\$A\$17,COLUMN(B\$9)-1)"公式，向右填充至I21单元格，然后添加相关数据，如下图所示。

B21			× ✓ fx		=OFFSET(\$A\$9,\$A\$17,COLUMN(B\$9)-1)							
▲	A	B	C	D	E	F	G	H	I	J	K	L	M
16												
17		1	1月	2月	3月	4月	5月	6月	7月	8月	9月	10月	11月	12月
18	2015年	4	25	29	32	21	34	27	19	28	26	34	21
19	辅助数据	#N/A	#N/A	#N/A	#N/A	#N/A	34	#N/A	#N/A	#N/A	#N/A	34	#N/A
20	年份	工资	社保	出差	旅游	研发	投资	生产	房租			
21	2015年	89	31		计算各项费用的数据				17			
22												

> **Tips**
>
> **提示｜设置第二张图表时的注意事项**
> ....
> 在设置第二张图表时一定要保持OFFSET函数的第二个参数为A17单元格，这样才能与第一张图表引用年份一致。

Step 05 选中A17:M19单元格区域，在"插入"选项卡中插入折线图，效果如下图所示。

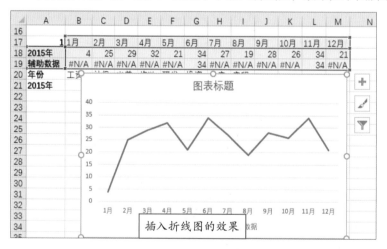

插入折线图的效果

Step 06 对折线图适当美化，设置折线的颜色、宽度和平滑线，设置纵坐标轴的单位，删除图例。选择标题框在编辑栏中输入"="等号，选中A18单元格，再添加文本框完善标题，为"辅助数据"折线添加数据标签，如下图所示。

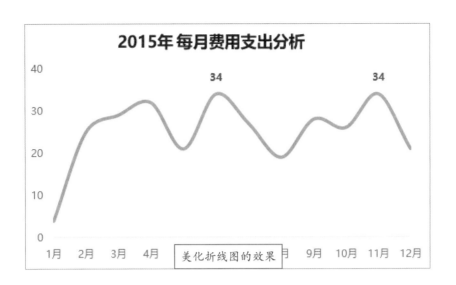

2015年 每月费用支出分析

美化折线图的效果

Tips

提示 | 辅助数据的作用

在本案例中A19:M19单元格区域的辅助数据主要是随着图表的变化标注费用最大的值。

Step 07 选择A20:I21单元格区域，创建柱形图，适当对柱形图进行美化，效果如下图所示。

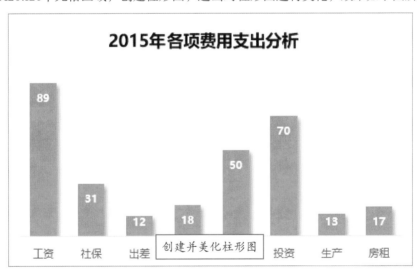

2015年各项费用支出分析

创建并美化柱形图

Tips

提示 | 各项费用支出图表的注意事项

在设计各项费用动态图表时，注意和第一张图表的风格保持一致；颜色搭配也要一致。
在设置标题时和第一张图表一样通过链接单元格的方式完成标题制作。

Step 08 在"开发工具"选项卡中单击"插入"下三角按钮，在列表中选择"列表框"控件，在"设置对象格式"对话框的"控件"选项卡中设置"数据源区域"为A2:A7单元格区域❶，"单元格链接"为A17单元格❷，单击"确定"按钮❸，如下图所示。

Step 09 调整图表的大小和位置，将列表框控件移到图表的左侧。在列表框中选择对应的年份选项时，两张图表同时显示该年的每月费用和各项费用支出情况。例如在列表框中选择"2019年"选项，效果如下图所示。

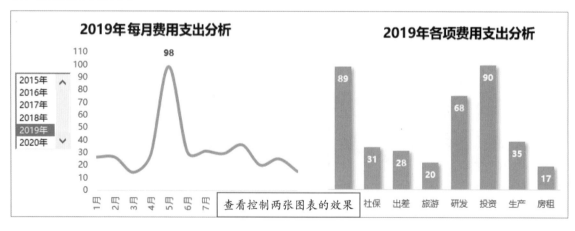

第1章

第2章

第3章

第4章

第5章

第6章

第7章

第8章

第9章

第10章

第10章

制作各分公司销售
金额图表看板

图表看板展示的信息量要比之前学过任何一种图表都多得多，图表看板其实就是将多组相关联的数据制作成多个图表集中放置在一个版面上。由于数据存在关联性，对应的图表集中在一起可以很好地表现出数据之间的关联。目前有很多软件制作数据可视化，通过Excel同样可以制作出外观漂亮、效果炫酷、数据合理的图表看板。

本章先对需要制作看板的数据进行分析和整理，并且使用函数将需要的数据提取出来；然后介绍图表看板中各个图表的制作方法和要点；接着对图表进行合理布局；最后添加链接使用图表动起来。

10.1 数据分析

扫码看视频

在本书第2章中介绍读懂数据，这也是制作图表之前必做的工作之一。一般来说数据都是从各个部门、各个分公司提供的最原始的数据，首先要做的就是将数据分类汇总，然后再分析数据中包含的含义。

10.1.1 整理原始数据后的信息

本案例中提供的数据都是虚拟的，仅供参考。首先对原始数据进行处理，根据不同的类别整理后共包含4个表格。

在A1:G6单元格区域中为4个分公司各品牌手机的销售金额以及分公司和品牌的销售总金额。该表格是总的销售金额的数据，如下图所示。

	华为	海尔	小米	海信	天语	合计		单位：万元
北京市分公司	320	293	290	142	182	1227		
上海市分公司	484	414	320	357	256	1831		
重庆市分公司	400	351	420	453	162	1786		
南京市分公司	350	310	150	203	368	1389		
分公司合计	1554				968	6233		

（分公司和品牌的销售数据）

在A8:P13单元格区域中为各分公司的目标值、实际值、完成率以及每月的销售金额。该表格按月份对各分公司的数据进行细分，如下图所示。

	目标值	实际值	完成率	1月	2月	3月	4月	5月	6月	7月	8月	9月	10月	11月	12月
北京市分公司	1000	1227	122.70%	78	86	80	148	135	82	80	97	128	124	115	74
上海市分公司	1500	1831	122.07%	109	131	151	157	160	118	165	170	155	203	163	149
重庆市分公司	1300	1786	137.38%	164	191	134	121	116	136	140	158	169	144	140	191
南京市分公司		1389	92.60%						9	135	136	110	141	124	133
分公司合计	5300	6233	117.60%						5	520	561	562	612	542	547

（分公司每月的销售数据）

在A15:Q35单元格区域为各分公司各品牌的目标值、实际值、完成率以及每个品牌的每月的销售金额。该表格更加细致显示分公司以及各品牌的数据，如下图所示。

	品牌	目标值	实际值	完成率	1月	2月	3月	4月	5月	6月	7月	8月	9月	10月	11月	12月
北京市分公司	华为	300	320	106.67%	22	32	28	36	37	22	15	12	28	27	45	16
	海尔	280	293	104.64%	16	18	23	37	32	22	19	10	28	46	26	16
	小米	270	290	107.41%	16	14	13	40	14	22	18	40	49	22	20	12
	海信	150	142	94.67%	12	9	6	18	19	7	10	15	13	10	9	14
	天语	200	182	91.00%	12	13	10	17	16	16	18	20	10	19	15	16
上海市分公司	华为	450	484	107.56%	33	52	48	34	58	43	28	38	40	36	44	30
	海尔	430	414	96.28%	25	34	45	47	8	21	47	50	21	42	22	42
	小米	300	320	106.67%	16	15	25	34	15	14	35	22	38	42	46	17
	海信	320	357	111.56%	16	12	24	36	12	28	13	43	46	11	43	17
	天语	200	256	128.00%	19	13	10	18	13	28	11	17	13	37	40	17
重庆市分公司	华为	350	400	114.29%	48	38	34	20	24	37	11	37	37	39	33	42
	海尔	320	351	109.69%	49	43	27	32	15		29	15	21	25		
	小米	400	420	105.00%	23	43	42	29	28	34	36	36	40	49	26	34
	海信	400	453	113.25%	35	48	23	43	18	33	42	42	45	33	41	50
	天语	180	162	90.00%	9	19	8	10	18	8	10	8	19	40		
南京市分公司	华为	300	350	116.67%	29	26	17	22	46	30	35	37	15	25	23	45
	海尔	200	219	109.50%	10	14	9	16	10		23	26	10	29	28	12
	小米	200						12	25	20	13	9	18			
	海信	260	30							17	22	36	43	38	39	
	天语	300	36							45	35	29	31	26	19	

（分公司各品牌每月的销售数据）

在A37:E41单元格区域中为各分公司线上的访问人数、咨询人数、有意向和购买人数的统计，如下图所示。

	A	B	C	D	E	F
37		访问人数	咨询人数	有意向	购买人数	单位：千人
38	北京市分公司	1383	794	380	112	
39	上海市分公司	1202	689	439	265	
40	重庆市分公司	1206	625	457	296	
41	南京市分公司	分公司线上人数的数据			270	

10.1.2 各部分数据展示的信息

第一张表格中展示所有分公司和各品牌的数据，数据很详细并且对各分公司以及品牌的销售金额进行汇总。因为本案例制作的图表看板是针对某一个分公司的，所以可以根据G1:G6单元格中数据计算分公司的销售金额占总金额的比例。此时可以使用饼图。为了使效果更加吸引眼球，使用柱形图结合形状制作圆球的效果展示完成率

第二张表格中可以通过分公司的完成率利用仪表盘图表展示比例，再利用条形图展示具体销售金额。然后再使用柱形图、条形图展示分公司每月的销售金额，并且突出最大的销售金额，这样会更加清晰表示分公司每月的值。

第三张表格中包含数据很多很详细，能制作的图表也很多。例如使用柱形图、条形图或折线图展示目标值和实际值之间的关系；使用纵向折线图展示分公司各品牌的销售金额。还可以针对各品牌展示销售金额的比例以及各品牌每月销售金额的趋势；可以通过圆环图或饼图展示该分公司各品牌的比例。

第四张表格可以制作漏斗图展示客户在线上购物相关数据的分析。

从以上表格可以制作出相关图表，每张图表展示不同的信息，而且图表中包括整体数据和细节数据这些正是我们需要的。

根据图表看板还需要展示该分公司的总的销售金额，可以在看板的中间通过数据直接显示。在看板的中间可以显示地图并且在对应的位置显示各分公司城市的名称。

相关的图表和看板的内容，我们可以在A4纸上设计出各图表的位置、展示的数据、图表的类型等。下图是本案例的手绘图纸，读者可以根据自己的要求对图表进行取舍并且合理地分布。

图表看板设计完成后，可见共包含18个图表，那么如何让这么多的图表通过一条主线贯穿呢？答案是：分公司的名称。在18个图表中有8张图表是直接与分公司有关的，其他10张图表是展示分公司的各品牌的数据。所以需要通过一个单元格链接所有图表，这个单元格的数据源区域就是分公司的名称，该链接被称为一级链接。

然后在每张图表中也可以通过函数或控件控制图表的显示内容，在本案例中属于二级链接。

除了让图表动起来外，还需要添加相关文本框显示具体数据，它也需要根据分公司名称不同而变化。这里所说的数据包括该分公司的总销售金额、完成率、占总销售金额的比率以及各品牌的占比等。

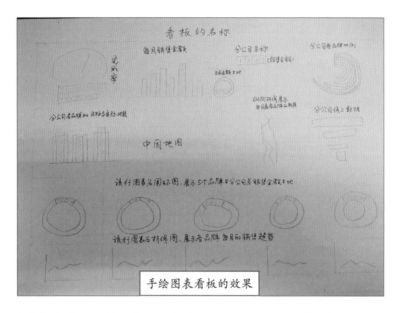

手绘图表看板的效果

看板中的图表分析完成后，使用什么控制分公司的名称呢？在第9章学过"组合框"控件是最好的选择，但是为了图表看板更加合理、更加炫酷，可以在地图上添加各分公司所在的城市名称，单击该名称可以控制所有图表和数据显示该分公司的数据。这就解决一级链接的问题了。

图表看板以深蓝色为主体色，体现科技的风格，搭配黄色、青色和橙色对图表中的数据进行突出显示。用户也可以通过一张合适的图片作为背景，设置图表为无填充和无轮廓并排列在图片上。

10.1.3 准备数据

准备数据就是根据制作图表的需要对数据进行重组，提取出图表需要的数据。并不是直接将数据复制粘贴，而是通过相关函数计算出来的，这样才能让图表动起来。

在本案例中主要使用OFFSET、MATCH、VLOOKUP函数引用相关数据，还使用IF和MAX函数判断条件和最大值。设置A43单元格作为单元格的链接。

1. 分公司数据与总数据的比例

首先，准备分公司的销售金额和总销售金额，用于计算比例，创建看板中上方中间位置类似圆环图的图表。该图表是由柱形图制作而成的，相关数据如下图所示。

提取分公司销售数据

A44单元格中公式为：=OFFSET($A$1,$A$43,COLUMN(A$1)-1)。

B44单元格中公式为：=VLOOKUP($A$44,$A$1:$G$6,7,FALSE)。

C44单元格中公式为：=$G$6。

D44单元格中公式为：=B44/C44。

2. 分公司目标值、实际值和每月的数据

通过从第二张图表中提取目标值和实际值以及完成率可以制作看板左上角的仪表盘图表，用于展示公司的完成率。根据月份的数据制作柱形图展示每月的销售数据，51行为辅助数据，计算出最大值可以突出柱形图中的最大数据系列，如下图所示。

A47单元格中公式为：=OFFSET($A$8,$A$43,COLUMN(A$8)-1)。

B47单元格中公式为：=VLOOKUP($A$47,$A$8:$D$13,2,FALSE)。

C47单元格中公式为：=VLOOKUP($A$47,$A$8:$D$13,3,FALSE)。

D47单元格中公式为：=VLOOKUP($A$47,$A$8:$D$13,4,FALSE)。

B50单元格中公式为：=VLOOKUP($A$47,$A$8:$P$13,5,FALSE)。

B51单元格中公式为：=IF(B50=MAX($B$50:$M$50),B50,NA())。

将B50单元格中公式向右填充M50单元格，然后将C50:M50单元格区域中的公式的第3个参数依次修改为从6到16的数据即可。

将B51单元格中公式向右填充M5单元格。

3. 分公司各品牌的目标值和实际值

通过从第三张图表中提取该分公司各品牌的目标值和实际值以及完成率可以制作看板中目标柱形图，如下图所示。

该目标柱形图表可以展示选中分公司各品牌的完成情况，在F54:G58单元格区域中数据是为了制作折线图展示实际值与目标值之间的差异。G列数据为正时表示完成目标的超额部分，数据为负时表示未完成目标还差的金额。

A53		× ✓ fx	=OFFSET($A$1,$A$43,COLUMN(A$1)-1)				
	A	B	C	D	E	F	G
52							
53	北京市分公司	品牌	目标值	实际值	完成率	平均	差异
54		华为	300	320	106.67%	310	20
55		海尔	280	293	104.64%	286.5	13
56		小米	270	290	107.41%	280	20
57	提取分公司各品牌的数据		150	142	94.67%	146	-8
58			200	182	91.00%	191	-18

A53单元格中公式为：=OFFSET($A$1,$A$43,COLUMN(A$1)-1)。

B54:E58单元格区域使用数组公式返回各品牌的名称、目标值、实际值和完成率。公式为：=OFFSET($A$15,MATCH($A$49,$A$16:$A$35,0),1,5,4)。

F54单元格中公式为：=AVERAGE(C54:D54)。

G54单元格中公式为：=D54-C54。

4. 分公司各品牌每月销售值

通过从第三张图表中提取该分公司各品牌每月的销售值，根据提取的数据计算合计金额、占比，再添加辅助数据，可以通过圆环图展示该品牌的销售与分公司的总金额的比例，通过折线图展示该品牌的全年销售趋势。还可以通过圆环图展示各品牌的销售比例。数据如下图所示。

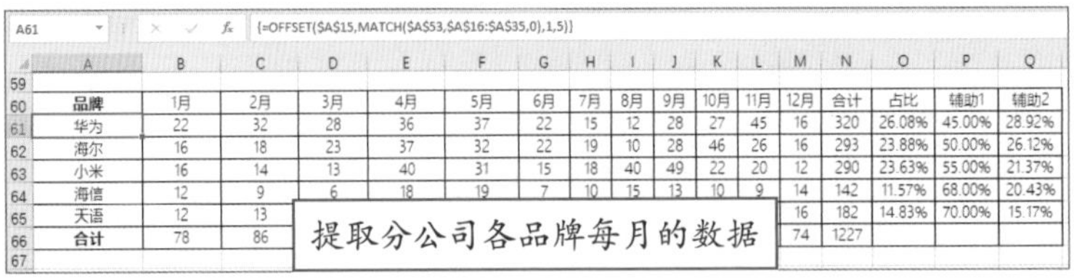

	A	B	C	D	E	F	G	H	I	J	K	L	M	N	O	P	Q
59																	
60	品牌	1月	2月	3月	4月	5月	6月	7月	8月	9月	10月	11月	12月	合计	占比	辅助1	辅助2
61	华为	22	32	28	36	37	22	15	12	28	27	45	16	320	26.08%	45.00%	28.92%
62	海尔	16	18	23	37	32	22	19	10	28	46	26	16	293	23.88%	50.00%	26.12%
63	小米	16	14	13	40	31	15	18	40	49	22	20	12	290	23.63%	55.00%	21.37%
64	海信	12	9	6	18	19	7	10	15	13	10	9	14	142	11.57%	68.00%	20.43%
65	天语	12	13										16	182	14.83%	70.00%	15.17%
66	合计	78	86										74	1227			
67																	

提取分公司各品牌每月的数据

A61:A65单元格区域的数组公式为：=OFFSET($A$15,MATCH($A$53,$A$16:$A$35,0),1,5)。

B61:M65单元格区域中数组公式为：=OFFSET($A$15,MATCH($A$53,$A$16:$A$35,0),5,5,12)。

N61:N65和B66:N66单元格区域中是通过"自动求和"功能快速计算各品牌和每月销售金额。

O61单元格中公式为：=N61/$N$66。

Q61单元格中公式为：=1-P61-O61。

"自动求和"功能可以快速对连续的批量数据进行求和、平均值、计数等。例如在B2:F6单元格区域中包含数据，选中B2:G7单元格区域❶，切换至"开始"选项卡❷，单击"编辑"选项组中"自动求和"按钮❸。在G2:G6单元格区域按行对数据区域进行汇总求和；在B7:G7单元格区域中会按列对数据区域进行汇总求和，使用的函数为SUM函数。

也可以单击"自动求和"下三角按钮，在列表中选择合适的汇总方式，即可完成快速计算，如下图所示。

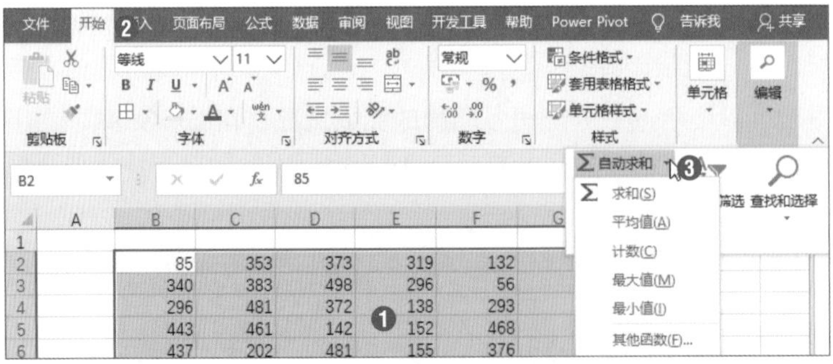

5. 分公司线上人数

通过从第四张表格中提取分公司的数据，可以制作漏斗图展示线上访问人数到购买的人数的情况，如下图所示。

	A	B	C	D	E	F
67						
68		访问人数	咨询人数	有意向	购买人数	
69	北京市分公司	1383	794	380	112	

提取分公司线上的数据

A69单元格中公式为：=OFFSET($A$37,$A$43,COLUMN(A$37)-1)。

B69单元格中公式为：=VLOOKUP($A$69,$A$38:$E$41,2,FALSE)。

将B69单元格中公式向右填充到E69单元格，只需要修改第3个参数从数字3到5即可。

10.2 制作分公司数据与总数据的占比图表

扫码看视频

该公司包含4个分公司，分公司的销售金额与总金额的比例都不会很大，可以使用饼图或圆环图展示，此处不展示效果。该比例也是浏览数据时首先查看的，可以使用效果再好点的图表，例如仪表盘图表，但是比例不大效果也不是很好，可以通过图表和形状相结合制作成圆形效果。

Step 01 打开"2020年某公司各分公司销售数据.xlsx"工作簿，在E44单元格中输入100%，然后再绘制两个形状，如下图所示。

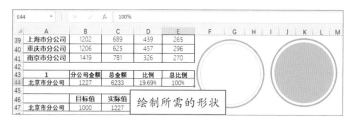

Step 02 选中D43:E44单元格区域，切换至"插入"选项卡，单击"图表"选项组中"插入柱形图或条形图"下三按钮，在列表中选择"簇状柱形图"，效果如下右图所示。

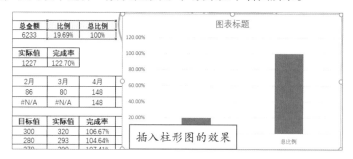

Step 03 可见图表中的两个柱形图为同一系列，单击"图表工具-设计"选项卡中"切换行/列"按钮，使其为两个系列，如下图所示。

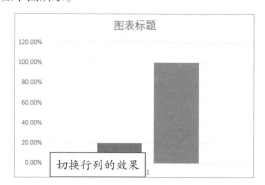

Step 04 选择纵坐标轴，在"设置坐标轴格式"导航窗格的"坐标轴选项"选项区域中设置最大值为1。选择数据系列，在"设置数据系列格式"导航窗格的"系列选项"选项区域中设置"系列重叠"为100%❶、"间隙宽度"为0%❷，如下图所示。

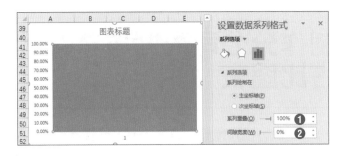

Step 05 将绘制的线形状，填充在橙色的数据系列中，效果如下左图所示。

Step 06 通过"设置数据系列格式"导航窗格选择另一个数据系列，并填充另一个形状，效果如下右图所示。

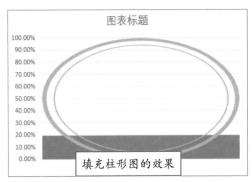

填充柱形图的效果

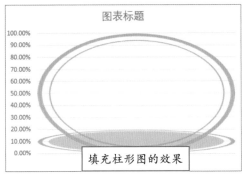

填充柱形图的效果

Step 07 保持该数据系列为选中状态，在"设置数据系列格式"导航窗格中选中"层叠并缩放"单选按钮，效果如下图所示。

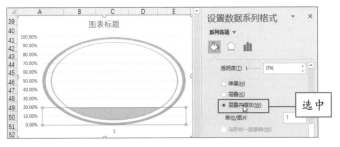

Step 08 可见圆形还是不圆效果很差，右击图表，在快捷菜单中选择"选择数据"命令，打开"选择数据源"对话框，单击"添加"按钮❶。在打开的对话框只设置系列名称❷，依次单击"确定"按钮❸，如下左图所示。

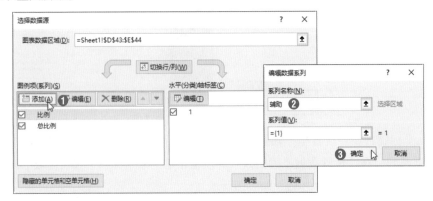

Step 09 右击添加的数据系列，在快捷菜单中选择"更改系列图表类型"命令，在打开的对话框中设置该系列为"饼图"❶，单击"确定"按钮❷，如下图所示。

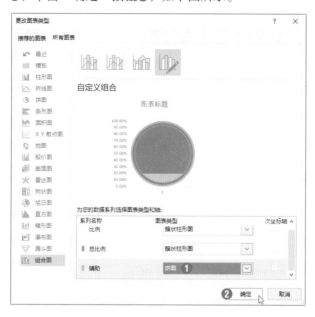

Step 10 返回工作表中可见图表中的圆形为正圆形，无论如何调整图表都不会变形，效果如下左图所示。

Step 11 删除图表中标题、纵横坐标轴和网格线，设置图表的填充颜色为深蓝色，最终效果如下右图所示。

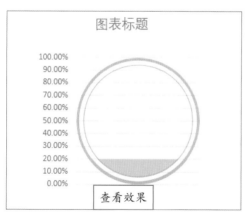

查看效果

美化后的效果

Step 12 在图表中绘制横向文本框，在编辑栏中输入"="，再选中D44单元格，按Enter键后设置文本的格式，效果如右图所示。

将图表复制在"分公司销售额看板"工作表中，并设置大小。

添加文本框

扫码看视频

本节将制作分公司的目标完成率以及每月的销售金额的图表。主要通过仪表盘图表展示总目标的完成率，折线图展示每月的销售额并突出显示最大值。

1. 使用仪表盘图表展示完成率

第8章介绍仪表盘图表展示完成率，本案例将制作半圆形的仪表盘图表展示分公司完成率。下面介绍主要的操作方法。

Step 01 表盘的最大值设定为150表示最大完成率为150%，半圆为180度等分为15个区，每个扇区为12度。由于辅助数据太长，隐藏第78到97行的数据，如下图所示。

	A	B	C	D	E	F
71	表盘刻度	扇区		指针		
72	0	0		完成度数	146.24	
73		12		指针	1	
74	10	0		仪表盘剩余度数	33.76	
75		12		辅助数据	180	
76	20	0				
77		12				
98	130	0				
99		12				
100	140	0				
101		12				
102	150	0				
103	其他	180		创建辅助数据		
104						

Step 02 将光标定位在"表盘刻度"表格的任意单元格中，切换至"插入"选项卡，插入圆环图，如下图所示。

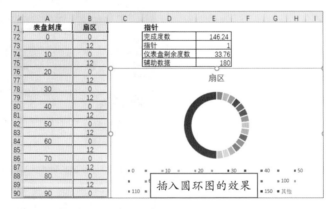

插入圆环图的效果

Step 03 选中图表打开"选择数据源"对话框，单击"添加"按钮，打开"编辑数据系列"对话框，设置系列名称为"辅助"❶、"系列值"引用B72:B103单元格区域❷，单击"确定"按钮❸，如下左图所示。

Step 04 再根据相同的方法添加指针的数据，如下右图所示。

Step 05 右击添加的指针圆环，在快捷菜单中选择"更改系列图表类型"命令，打开"更改图表类型"对话框，设置"指针"系列为"饼图"❶并勾选"次坐标轴"复选框❷，单击"确定"按钮❸，如下图所示。

Step 06 选择饼图在"设置数据系列格式"导航窗格中设置"饼图分离"为50%，方便调整圆环图，将各扇区拖到中心位置。选择外侧圆环图并添加数据标签，设置数据标签的格式，通过"单元格中的值"设置数据标签的显示A72:A103单元格区域中数值，如下左图所示。

Step 07 然后设置外侧圆环为无填充和无线条。选中内侧圆环设置填充和线条颜色均为青绿色，设置最大圆环为无填充和无线条，并删除"其他"数据标签，效果如下右图所示。

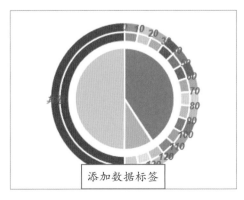

添加数据标签

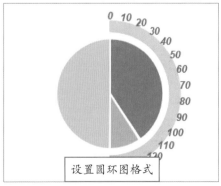

设置圆环图格式

Step 08 设置图表的填充颜色为深蓝色，并删除图例。设置饼图的扇区分离为20%并拖到中心位置，然后设置格式为无填充和无线条，只填充最小扇区为白色。仪表盘图表的效果如下左图所示。

Step 09 然后在图表中绘制文本框并与D47单元格中分公司的完成率链接，并设置文本格式，效果如下右图所示。

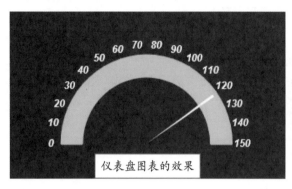

仪表盘图表的效果

添加文本框的效果

Step 10 选择B46:C47单元格区域，创建条形图，设置图表区为无填充和无轮廓并删除图表标题、网格线横坐标轴等元素。设置数据系列的填充颜色，添加数据标签，效果如下左图所示。

Step 11 为仪表盘图表添加标题，文本框引用A47单元格中内容，再添加文本框完善标题并设置格式。组合仪表盘和条形图表，效果如下右图所示。

添加条形图的效果

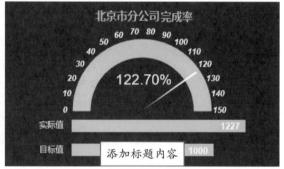

添加标题内容

2. 使用折线图比较每月销售额

通过折线图比较分公司每月的销售额，并且突出显示最大值。下面介绍具体操作方法。

Step 01 选择A49:M51单元格区域，创建折线图，其中包括"月销售额"和"辅助"数据系列，如下图所示。

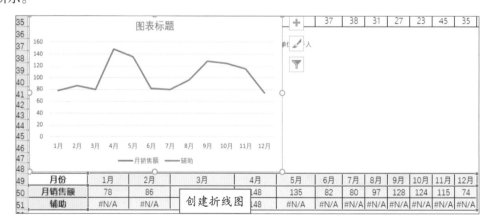

创建折线图

Step 02 选择图表打开"选择数据源"对话框，单击"添加"按钮，在打开的对话框中设置"系列名称"为"辅助1"❶，"系列值"为引用B50:M50单元格区域❷，单击"确定"按钮❸，如下左图所示。

Step 03 选中添加的折线并右击，选择"更改系列图表类型"命令，在打开的对话框中设置"辅助1"数据系列为"面积图"，效果如下右图所示。

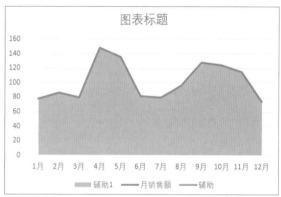

Step 04 选择"辅助"数据系列的最高标注点，添加数据标签，然后在"设置数据系列格式"导航窗格中选择"标记"，设置标记选项的内置类型和大小以及填充颜色，如下图所示。

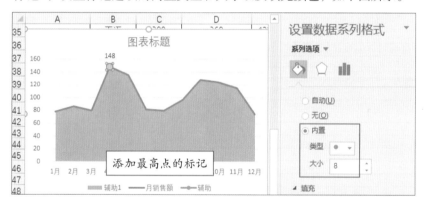

Step 05 删除网格线和图例，设置折线和面积图的颜色，添加图表标题，效果如下图所示。

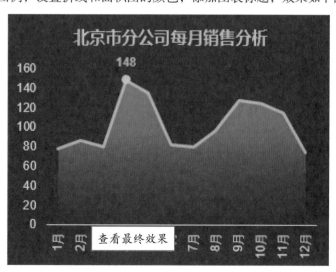

10.4 制作关于品牌的相关图表

扫码看视频

在图表看板中关于分公司品牌的图表很多总共包括13张，其中包括各品牌目标完成情况的柱形图、各品牌每月数据的纵向折线图、各品牌比例的残缺环图、每个品牌占总销售金额的圆环图和每个品牌月销售金额的折线图。其中后两张图表可以通过复制修改的方法快速创建。下面介绍各图表的创建方法。

10.4.1 使用目标柱形图比较各品牌的完成情况

根据分公司各品牌的目标值和实际值制作目标柱形图，可以更加形象地展示完成率。下面介绍具体操作方法。

Step 01 选择B53:D58单元格区域，切换至"插入"选项卡，单击"图表"选项组中"插入柱形图或条形图"下三角按钮，在列表中选择"簇状柱形图"选项，图表中包括"目标值"和"实际值"数据系列，如下图所示。

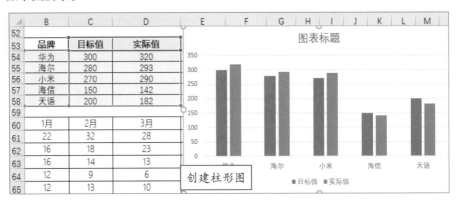

Step 02 选择"目标值"数据系列❶，在"设置数据系列格式"导航窗格的"系列选项"选项区域中选中"次坐标轴"单选按钮❷，设置"间隙宽度"为80%❸，并保证主次坐标轴的纵坐标刻度一致，如下图所示。

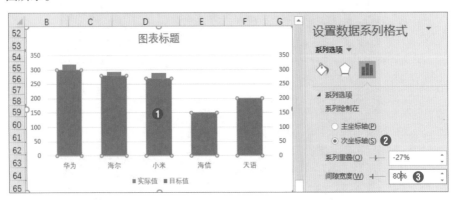

- 264 -

Step 03 切换至"填充与线条"选项卡设置无填充，线条颜色为橙色，宽度为1.25磅。选择"实际值"数据系列，在"设置数据系列格式"导航窗格中设置间隙宽度为120%，填充颜色为青色，效果如下图所示。

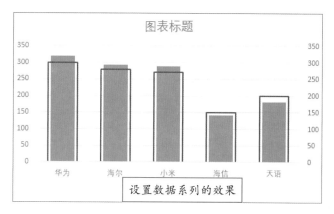

设置数据系列的效果

Step 04 删除网格线和次要纵坐标轴，将图例移到上方。为图表填充深蓝色，设置文本的格式，使图表标题链接A53单元格，并添加文本框完善标题，效果如下图所示。

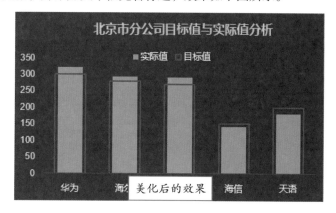

美化后的效果

10.4.2　创建纵向折线图展示各品牌的月销售额

通过纵向折线图展示各品牌的月销售额，我们也可以添加复选框进一步控制图表中的数据。下面只介绍纵向折线图具体操作方法。

Step 01 选中A60:M65和A67:M67单元格区域，然后创建条形图，如下图所示。

	A	B	C	D	E	F	G	H	I	J	K	L	M
60	品牌	1月	2月	3月	4月	5月	6月	7月	8月	9月	10月	11月	12月
61	华为	22	32	28	36	37	22	15	12	28	27	45	16
62	海尔	16	18	23	37	32	22	19	13	25	46	26	16
63	小米	16	14	13	40	31	15	18	40	49	22	20	12
64	海信	12	11	11	11	15	11	11	14	13	11	11	12
65	天语	12	13	12	16	16	18	17	13	19	15	15	16
66	合计	78	88	87	139	131	87	81	96	128	125	117	72
67	辅助数据	0.5	1.5	2.5	3.5	4.5	5.5	6.5	7.5	8.5	9.5	10.5	11.5

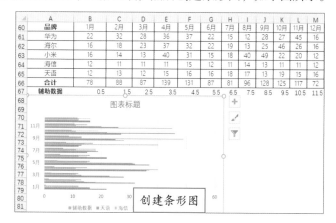

创建条形图

第
10
章

Step 02 选择任意品牌的数据系列右击，选择"更改系列图表类型"命令。在打开的对话框中设置品牌系列为"带直线和数据标记的散点图"，效果如下图所示。

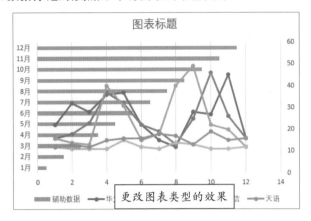

更改图表类型的效果

Step 03 选中图表打开"选择数据源"对话框，选择"图例项"列表框中"系列1"，单击"编辑"按钮。打开"编辑数据系列"对话框，设置X轴和Y轴引用的单元格区域，X轴为对应品牌的销售金额值❶，Y轴均为B76:M76单元格区域❷，单击"确定"按钮❸，如下左图所示。

Step 04 根据相同的方法设置其他系列的X轴和Y轴，效果如下右图所示。

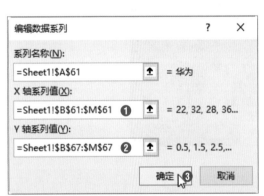

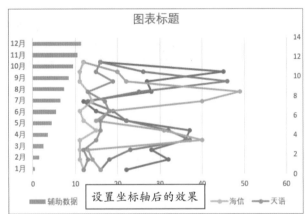

设置坐标轴后的效果

Step 05 设置次要纵坐标轴的最大值为12，条形图为无填充和无轮廓。删除网格线、图例中的"辅助数据"和次要纵坐标轴。选择主要纵坐标轴在"设置坐标轴格式"导航窗格的"坐标轴选项"选项区域勾选"逆序类别"复选框，并设置横坐标轴的标签位置为"高"，效果如下图所示。

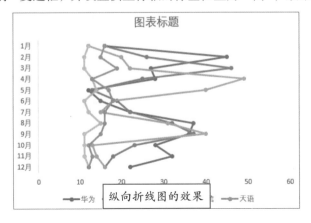

纵向折线图的效果

Step 06 对图表进行美化，最终效果如下图所示。

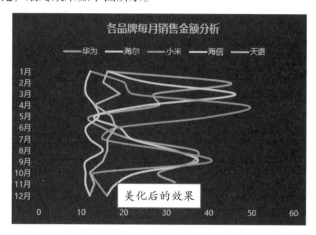

10.4.3 使用圆环图比较各品牌数据的比例

通过圆环图比较分公司各品牌销售金额的比例，为了使效果更加美观可以制作成不规则的圆环图，下面介绍具体操作。

Step 01 选择O60:Q65单元格区域，在"插入"选项卡中创建圆环图，单击"图表工具–设计"选项卡中"切换行/列"按钮，得到我们想要的图表，如下图所示。

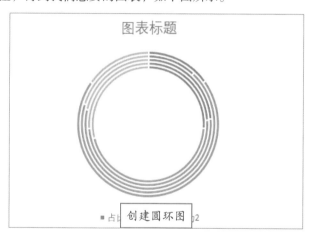

Step 02 删除图例，为各圆环的扇区填充颜色，效果如下图所示。

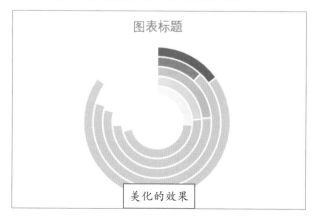

第
10
章

Step 03 然后添加图表的背景颜色，设置标题框链接A69单元格，并添加文本框完善标题添在右侧添加文本框其中数据文本框链接对应品牌的占比单元格，效果如下图所示。

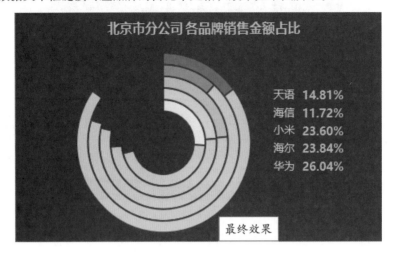

10.4.4 制作各品牌的圆环图和折线图

在比较各品牌的相关数据时主要通过圆环图显示该品牌的销售金额占分公司总销售额的比例，使用折线图展示该品牌一年的销售趋势。因为每个品牌都需要这两张图表，所以可以通过复制粘贴制作其他图表并修改相关数据即可。

1. 使用圆环图展示品牌的销售比例

创建圆环图显示该品牌的销售金额的比例，并在圆环图中添加文本框显示百分比的数据，下面介绍具体操作方法。

Step 01 选中A61、N61、A66和N66单元格创建圆环图，只包含华为的销售金额和分公司的总销售金额，效果如下图所示。

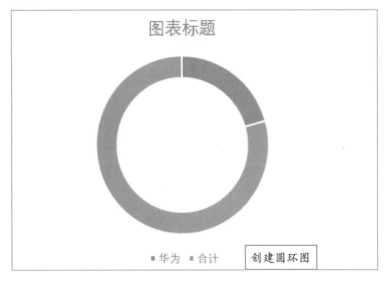

Step 02 为"合计"圆环设置无填充，边框颜色为蓝色，添加阴影和发光的效果。为另一圆环设置填充为浅青色，边框为稍微深点颜色并添加阴影和发光效果，如下图所示。

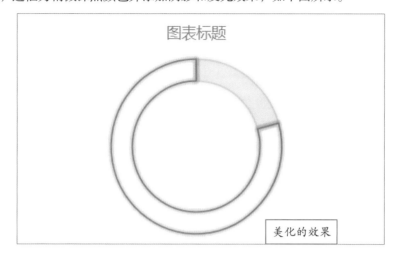

Step 03 设置图表的填充颜色为深蓝色，添加标题。适当设置第一扇区的旋转角度❶，使小的扇区位于上方，再设置圆环图圆环大小为62%❷，如下图所示。

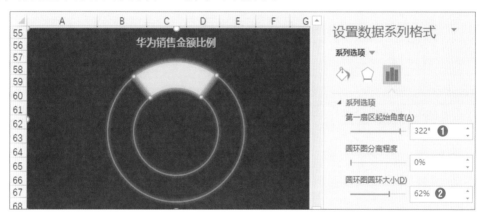

Step 04 在图表中插入文本框，在编辑栏中输入"="，选择O61单元格，显示华为的比例，设置文本的格式，效果如下图所示。

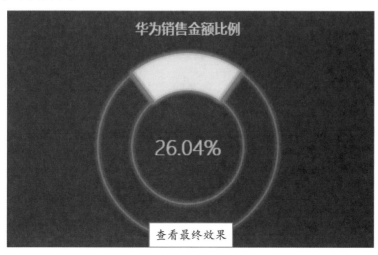

2. 使用折线图展示品牌的销售趋势

展示某时间段的数据变化趋势时可以使用折线图，在本案例中展示品牌的销售金额的变化效果，下面介绍具体操作方法。

Step 01 选中A60:M61单元格区域，在"插入"选项卡中插入折线图，效果如下图所示。

Step 02 设置纵坐标轴的最大值为60，单位大为10，复制的图表也需要统一坐标轴，删除网格线，如下图所示。

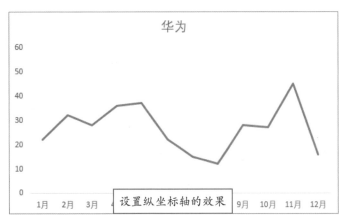

Step 03 为图表添加深蓝色背景，然后设置折线的颜色、宽度和平滑线。添加图表标题并设置格式，效果如下图所示。

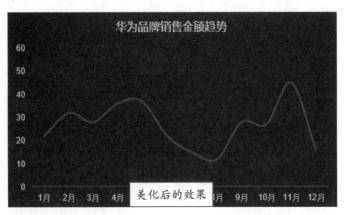

使用漏斗图展示线上的数据

扫码看视频

根据分公司统计的线上从访问到购买4个阶段的人数制作漏斗图，可以直接展示各阶段的人数的变化趋势。

当直接使用Excel的漏斗图时，无法设置数据系列的形状效果。下面介绍通过堆积条形图创建漏斗图的方法。

Step 01 在B70:B71单元格区域中输入0，在C70单元格中输入"=($B$69-C69)/2"公式，在C71单元格中输入"=C70"，然后将C70:C71单元格区域的公式向右填充到E71单元格中，如下图所示。

	A	B	C	D	E
		访问人数	咨询人数	有意向	购买人数
68					
69	北京市分公司	1383	794	380	112
70		0	294.5	501.5	635.5
71		0	(创建辅助数据)	501.5	635.5
72					

C70 = ($B$69-C69)/2

Step 02 选择B68:E71单元格区域，切换至"插入"选项卡，创建堆积条形图，如下图所示。

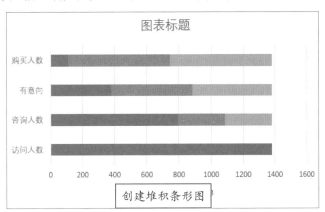

创建堆积条形图

Step 03 选中图表打开"选择数据源"对话框，选中"系列2"选项，单击"上移"按钮，将其移到"系列1"上方❶，单击"确定"按钮❷，如下图所示。

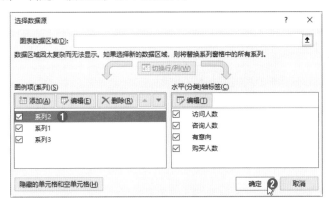

- 271 -

Step 04 返回工作表中，将"系列2"和"系列3"的数据系列设置无填充和无轮廓，效果如下图所示。

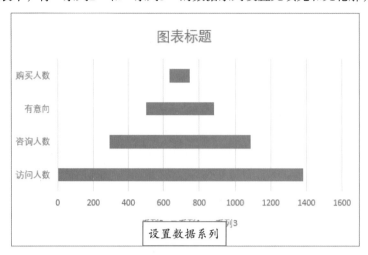

设置数据系列

Step 05 选择横坐标轴，在"设置坐标轴格式"导航窗格设置最大值为1400。选择纵坐标轴，在"坐标轴选项"选项区域中勾选"逆序类别"复选框，再删除图例和网格线，效果如下图所示。

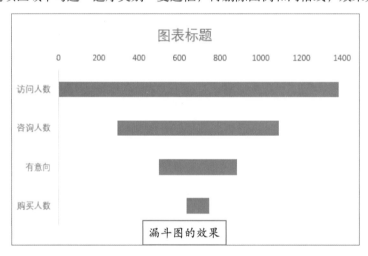

漏斗图的效果

Step 06 选择数据系列❶，在"设置数据系列格式"导航窗格的"系列选项"选项区域设置"系列重叠"为100%❷，"间隙宽度"为0%❸，效果如下图所示。

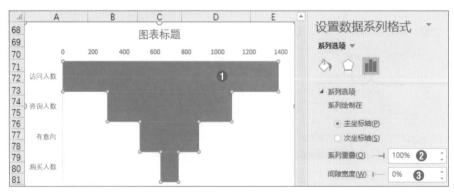

Step 07 绘制梯形并设置不同的填充颜色并适当调整上下边的宽度，为每个数据系列粘贴不同颜色的形状，效果如下图所示。

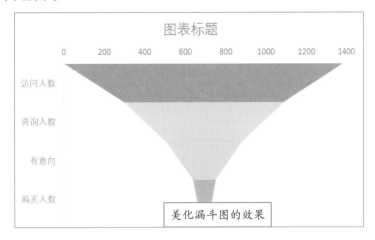

美化漏斗图的效果

Step 08 选择横坐标轴，在"设置坐标轴格式"导航窗格的"标签"选项区域中设置"标签位置"为"高"。再添加数据标签，删除多余的内容，并设置"系列1"数据标签的文本格式，效果如下图所示。

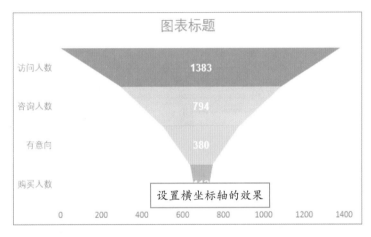

设置横坐标轴的效果

Step 09 设置图表填充颜色，添加标题并设置链接的单元格，添加文本框完善标题，效果如下图所示。

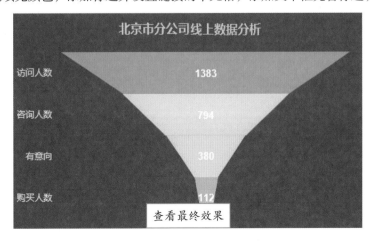

查看最终效果

图表全部制作完成了，根据之前手绘的图纸对图表进行排列，排列时需要注意以下几点。

- 看板长宽比例要合适，不能太长或太窄，可以按黄金比例设置。
- 将同类型的图表尽量排在一起，例如关于品牌的或者关于分公司的图表尽量排列在一起。
- 先展示汇总的数据，再展示细分的数据。
- 将重要的数据放在中间。
- 排列时逻辑要清晰。
- 图表排列时同类型的图表保持长宽一致、排列顺序要一致。
- 根据看板的实际布局要求合理调整图表。
- 在设置图表的布局时使用对齐工具和组合工具。

将所有图表复制并粘贴到新建的工作表中并命名为"分公司销售额看板"，调图表的大小和位置，最终效果如下图所示。

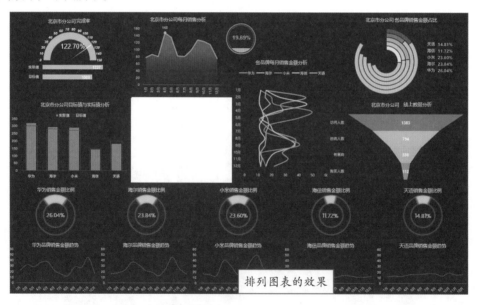

排列图表的效果

以上图表看板上中右侧空白，使用矩形形状补齐，该部分用于显示分公司的名称和总销售金额；中间空白部分用于放置中国地图。

排列图表时经常放大查看图表之间有没有缝隙，缩小页面查看图表看板的整体效果，如果存在瑕疵要及时调整。

下面介绍对齐工具的使用方法。

在Excel中当选择两个或多个图片、图表、形状、文本框时会激活对齐工具，在"图片工具""图表工具""绘图工具"选项卡的"排列"选项组中单击"对齐"下三角按钮，在列表中选择合适的对齐方式即可，如下图所示。

在"对齐"列表中包括左对齐、水平居中、右对齐、顶端对齐、垂直居中、底端对齐、横向分布和纵向分布对齐方式。

图表完成后还需要进一步完善看板内容，切换至"插入"选项卡❶，单击"插图"选项组中"图片"下三角按钮❷，在列表中选择"此设备"选项❸，如下左图所示。打开"插入图片"对话框，选择准备好的中国地图❶，单击"插入"按钮❷，如下右图所示。

即可在工作表中插入选中的图片，适当调整大小将其放在看板中间空白处。然后在地图对应的位置添加文本框并输入4个分公司所在的城市名称，效果如下图所示。

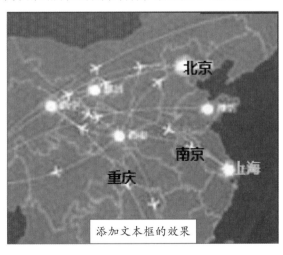

添加文本框的效果

然后在看板的上方空白处创建两个文本框，一个文本框链接Sheet1!A44单元格，另一个链接Sheet1!B44单元格。分别设置两个文本框的文本格式，其中销售金额的文本设置文本的宽度为8磅，如下图所示。

为每个数据下方添加矩形，矩形的填充颜色比背景色稍浅点，边框为深黄色，再添加相关文本框说明数据的含义，如下图所示。

图表看板目前只缺少标题，绘制和看板宽度一样的矩形并填充和背景颜色相同的深蓝色，设置无边框。然后复制矩形通过"编辑顶点"功能调整外观，并设置从左向右由深蓝色到浅蓝色再到深蓝色的渐变。两个矩形作为看板标题的背景，然后再添加看板的标题，还可以添加公司的Logo和名称，最终效果如下图所示。

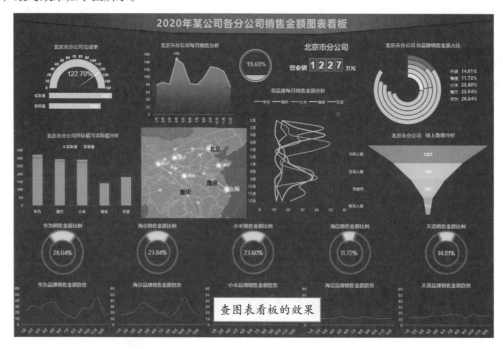

 **让看板动起来**

扫码看视频

图表看板已经制作完成了，目前还是静态的，要想让看板中的所有图表动起来，可以添加控件或通过宏完成。

10.7.1 创建看板的一级链接

由之前分析可知是以分公司的名称作为主线，选择不同的分公司名称，看板中图表会显示该分公司的数据，各品牌的图表中通过A53单元格中的分公司名称查找到的数据。因此只需要添加一个控件显示分公司名称即可，我们可以使用组合框控件。

作为一级链接使用组合框未必有点太简单，在地图中显示各分公司的城市名称，可以设置单击对应的城市名称跳转到该分公司，这样就不会影响看板的整体效果了。

工作表中A44、A47和A53中OFFSET函数的第2个参数引用A43单元格，而且查找数据的表格分公司名称从上到下是"北京市分公司""上海市分公司""重庆市分公司"和"南京市分公司"。当A43单元格中数据为1时显示"北京市分公司"的数据，所以数字2、3和4对应的是上海、重庆和南京分公司。

分析之后可以通过为地图上对应的文本框指定宏的方式进行切换，在录制宏时只需要修改A43中的数字即可。下面介绍具体操作方法。

Step 01 在"分公司销售额看板"工作表中，切换至"开发工具"选项卡，单击"代码"选项组中"录制宏"按钮，打开"录制宏"对话框。此时如果设置上海，在对话框的"宏名"文本框中输入"上海分公司"❶，单击"确定"按钮❷，如下左图所示。

Step 02 切换至数据所在的工作表中选中A43单元格并输入数字2，按Enter键。返回"分公司销售额看板"工作表中单击"代码"选项组中"停止录制"按钮即可。根据相同的方法录制其他3个分公司对应的宏。用户单击"代码"选项组中"宏"按钮，打开"宏"对话框查看录制的宏，如下右图所示。

Step 03 宏录制完成后为对应的文本框指定宏，例如为"上海"指定宏。首先选中"上海"文本框并右击❶，在快捷菜单中选择"指定宏"命令❷，如下左图所示。

Step 04 打开"指定宏"对话框，在列表框中选择"上海分公司"宏❶，单击"确定"按钮❷，如下右图所示。

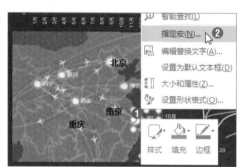

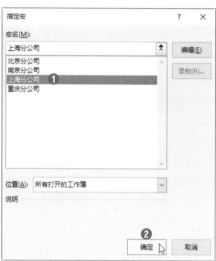

Step 05 根据相同的方法为其他文本框指定对应的宏。在看板中将光标移到文本上方，此时光标变为小手的形状单击即可将看板显示该城市分公司的数据。例如单击"上海"文本框，则看板中所有图表显示上海分公司的内容，如下图所示。

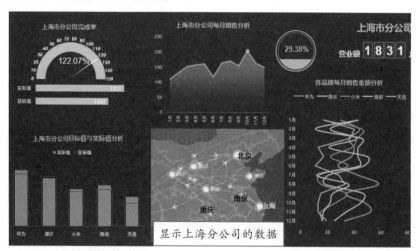

显示上海分公司的数据

Tips

提示 | 宏的保存范围

在录制宏的对话框中单击"保存在"下三角按钮，在列表中包括"当前工作簿""个人宏工作簿"和"新工作簿"三个选项，默认为"当前工作簿"。

"个人宏工作簿"该选项是在所有打开的工作簿中使用该宏，它在正常情况下是隐藏的，并随着Excel的启动而开启。

"新工作簿"将录制的宏保存在一个新建的工作簿中，当前工作簿并不保存该宏所生成的VBA代码。

"当前工作簿"表示录制宏所自动生成的VBA代码将保存在当前工作簿文件中，可以随着当前文件分发给其他用户。选择该选项后必须将文档保存为启用宏的工作簿，其后缀为".xlsm"。

10.7.2 创建看板的二级链接

在本案例中二级链接主要是为了多维度展示数据，例如展示各分公司每月销售额时使用的是折线图，可以更改为柱形图展示；使用目标柱形图展示各品牌的完成情况，可以更改为带有差异的折线图展示等。如果用户需要使用复选框、单选按钮等控件控制图表，根据第9章所学知识重新整理数据即可。

创建二级链接是通过添加按钮控件或者文本框结合宏完成，此处不再演示。用户通过本书学习对图表应该熟悉掌握了，只需要单击"录制宏"按钮，然后对图表进行相关操作，最后再指定宏即可。

10.7.3 保存看板

看板创建完成后需要进行保存，因为是在工作簿中录制宏，所以需要保存为"启用宏的工作簿"，否则下次打开时无法使用宏。

单击"文件"标签，在列表中选择"浏览"选项选择要保存的位置，设置"保存类型"为"Excel启用宏的工作簿"❶，再设置文件名❷，单击"保存"按钮❸即可，如下图所示。

保存完成后该文档以".xlsm"扩展名显示。Excel内置的安全性机制是不允许启用宏的，此时需要手动启用。打开保存的xlsm文档，则在编辑栏上方显示"安全警告"，单击右侧的"启用内容"按钮即可启用宏，如下图所示。启用后才能执行文档中的宏，否则无法执行宏。

Excel工作簿默认为"禁用所有宏，并发出通知"，我们也可以设置启用宏。单击"文件"标签，在列表中选择"选项"选项，打开"Excel选项"对话框，在"信任中心"选项区域中单击"信任中心设置"按钮。打开"信任中心"对话框，选择"宏设置"选项❶，在右侧"宏设置"选项区域中选择"启用所有宏"单选按钮❷，单击"确定"按钮❸，如下图所示。

宏设置4种方式的含义，

- "禁用所有宏，并且不通知"：用户如果对包含宏的工作簿来源不信任，则选择该选项。
- "禁用所有宏，并发出通知"：该选项为默认选中，表示禁用宏后，但可以在启动含宏的工作簿时能够得到一些警告信息，并且用户可以决定是否启用。
- "禁用无数字签署的所有宏"：表示只有宏是由信任的发布机构进行数字签署，才可以运行。
- "启用所有宏(不推荐：可能会运行有潜在危险的代码)"：表示启用所包含宏的工作簿。

至此，本案例制作完成，最终效果如下图所示。

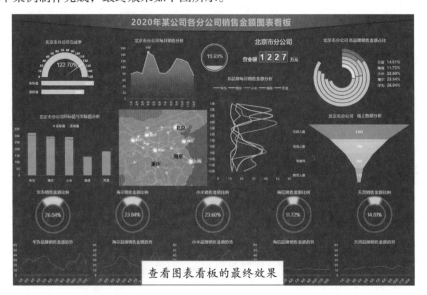

查看图表看板的最终效果